发现更多 · 9+

矿石宝藏

【美】丹·格林/著

张文轩/译

天津出版传媒集团

新蕾出版社

图书在版编目 (CIP) 数据

矿石宝藏 /（美）丹·格林 (Dan Green) 著；张文
轩译 . -- 天津：新蕾出版社，2017.3
（发现更多·9+）
书名原文：Rock and Minerals
ISBN 978-7-5307-6495-4

Ⅰ . ①矿… Ⅱ . ①丹… ②张… Ⅲ . ①矿物—儿童读
物 Ⅳ . ① P57-49

中国版本图书馆 CIP 数据核字 (2016) 第 291795 号

出版发行：天津出版传媒集团
　　　　　新蕾出版社

e-mail:newbuds@public.tpt.tj.cn

http://www.newbuds.cn

地　　址：天津市和平区西康路 35 号（300051）
出 版 人：马梅
电　　话：总编办 (022)23332422
　　　　　发行部 (022)23332679 23332677
传　　真：(022)23332422
经　　销：全国新华书店
印　　刷：北京尚唐印刷包装有限公司
开　　本：889mm × 1194mm 1/12
印　　张：9.5
版　　次：2017 年 3 月第 1 版 2017 年 3 月第 1 次印刷
定　　价：68.00 元

玛瑙薄片

如何阅读互动电子书

在开始之前，请你先来了解一下如何使用互动电子书，这可以帮助你获得更多的阅读乐趣。本书的配套电子书《岩石收藏家》包含许多图片和信息，是一个帮助你寻找和鉴定岩石和矿物的丰富宝库。

下载互动电子书，阅读关于矿石的更多内容。记得要用Adobe Reader软件打开阅读哟！

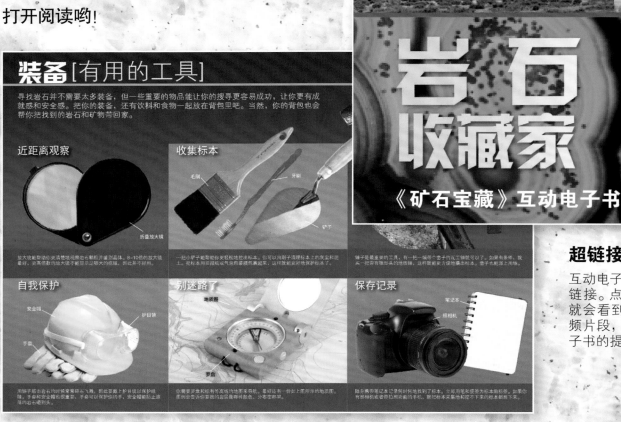

岩 石 收藏家
《矿石宝藏》 互动电子书

装备 [有用的工具]

寻找岩石并不需要太多装备，但一些重要的物品能让你的搜寻更容易成功，让你更有成就感和安全感。把你的装备，还有饮料和食物一起放在背包里吧。当然，你的背包也会帮你把找到的岩石和矿物带回家。

近距离观察

放大镜能帮你更清楚地观察颗粒并鉴别晶体。8-10倍的放大镜最好，更高倍数的放大镜虽然能显示更细微的晶体，但因为不好用。

收集标本

一把小铲子能帮助你挖松松的泥土来找标本。你可以用刷子清理标本上的灰尘和泥土。把标本用报纸或泡泡纸裹得严实起来，这样就能更好地保护标本了。

锤子是最重要的工具，有一把一端带个凿子的瓦工锤就可以了。如果有条件，就一把带有磁头的地质锤，这样就能更方便地敲出标本。凿子也能派上用场。

自我保护

用锤子敲击岩石时经常常有碎石飞溅，因此要戴上护目镜以保护眼睛。手套和安全帽很重要，手套可以保护你的手，安全帽能阻止掉落的岩石砸到你。

别迷路了

你需要多盘和标有高线的地图来导航。最好还带一份如上图所示的地质图，图例会告诉你岩数的运层是哪种颜色、分布在哪里。

保存记录

随身携带笔记本记录何时何地找到了标本。立即用笔和标签为标本做标签。如果你有照相机或者带拍照功能的手机，就把标本采集地和不下来的标本拍照下来。

超链接

互动电子书中的每一页都有超链接。点击那些彩色按键，你就会看到，更多信息、图片、视频片段，以及如何使用互动电子书的提示。

你需要准备

每个小收藏家都需要合适的装备。互动电子书中有许多关于最佳工具、最优设备和最适合服装的建议，还包括几百种矿石的基本知识，以及常见的和特别有趣的相关内容的深入介绍。

> **"矿物在颜色、透明度、光泽、亮度、气味、味道、形状以及形态等方面的差别都非常大。"**
>
> ——格奥尔格乌斯·阿格里科拉（1494—1555）德国科学家，被誉为"矿物学之父"

花岗岩 [火成岩]

侵入岩是由地下的岩浆形成的，其中坚硬的花岗岩最为常见。破坏花岗岩是一件既费时费力的事情，所以即使用比较松软的岩石早已被风化得一干二净，花岗岩仍能长时间保存。由于非常坚固耐用，花岗岩经常被用作建筑材料和建造纪念碑。在美国南达科他州的拉什莫尔山，花岗岩峭壁上就雕刻着四位美国前总统的巨大头像。

约塞米蒂的半窟顶大概形
成于 8700万 年前

近观拉什莫尔山

喷出岩

资料档案：花岗岩

更多信息

为了获取更多信息，你可以点击彩色文字，进入百科全书的相关页面，那里有关于一些基本话题的更加深入的内容。其中，词汇表条目解释了一些复杂的术语。

发现更多——其他侵入岩

如何成为岩石收藏家

拉什莫尔山

在高耸的拉什莫尔山峭壁上，四座高达18米的美国前总统的头像庄严凝视着南达科他州的大地，他们是：乔治·华盛顿、托马斯·杰斐逊、西奥多·罗斯福和亚伯拉罕·林肯。对于期望长久保留纪念碑的人们来说，花岗岩是理想的建材，因为1万年的时间里花岗岩仅被风化掉25毫米。

这项令人敬畏的雕刻工作始于1927年，由丹麦裔美国雕刻家格鲁·博格勒姆构思设计。这是一项危险的工程，大部分花岗岩是被炸药爆破掉的，然后放机和凿子一点点将头像的面部雕琢成型。施工期间，"高空作业坐板"像秋千一样，从150米高的悬崖顶上用缆绳悬吊下来，雕刻师们就坐在上面工作。

拉什莫尔山国家纪念公园的雕像坐落于美国南达科他州的黑山地区，沿哈尼峰花岗岩岩基的东北边缘分布。大约17亿年前，熔岩的岩浆侵入当地较早形成的片岩岩中，并冷却形成岩基。大约5000万年前，花岗岩开始露出地表，从那以后，风化作用开始发力，直到将黑山塑造成现在的模样。

雕刻拉什莫尔山花岗岩的工作
耗时 14 年

更多知识、更多乐趣、更多互动，

尽在《岩石收藏家》!

登录新蕾官网 www.newbuds.cn
下载你的互动电子书吧!

"矿石是它们形成时发生的地质事件的记录者。它们是无字之'书'，有独特的词汇和语法，你可以学会阅读它们。"

——约翰·麦克菲，记者/作家

开矿时，工人用炸药将地面岩石炸开。

目录

新岩石工厂

炽热的岩浆像河流一样从厄瓜多尔的通古拉瓦火山上流下。通古拉瓦在当地克丘亚语（南美洲印第安原住民的一种语言）中是"火之喉"的意思。这座山每隔一百年左右就会爆发。岩石熔化形成的液体，称为"岩浆"，从火热的山体深处涌上来，由山顶爆发，然后冷却、变硬，形成新的岩石。岩石、矿物和火山玻璃等微小颗粒会被抛到超过1.6千米的高空，形成火山灰云，使当地一片天昏地暗。

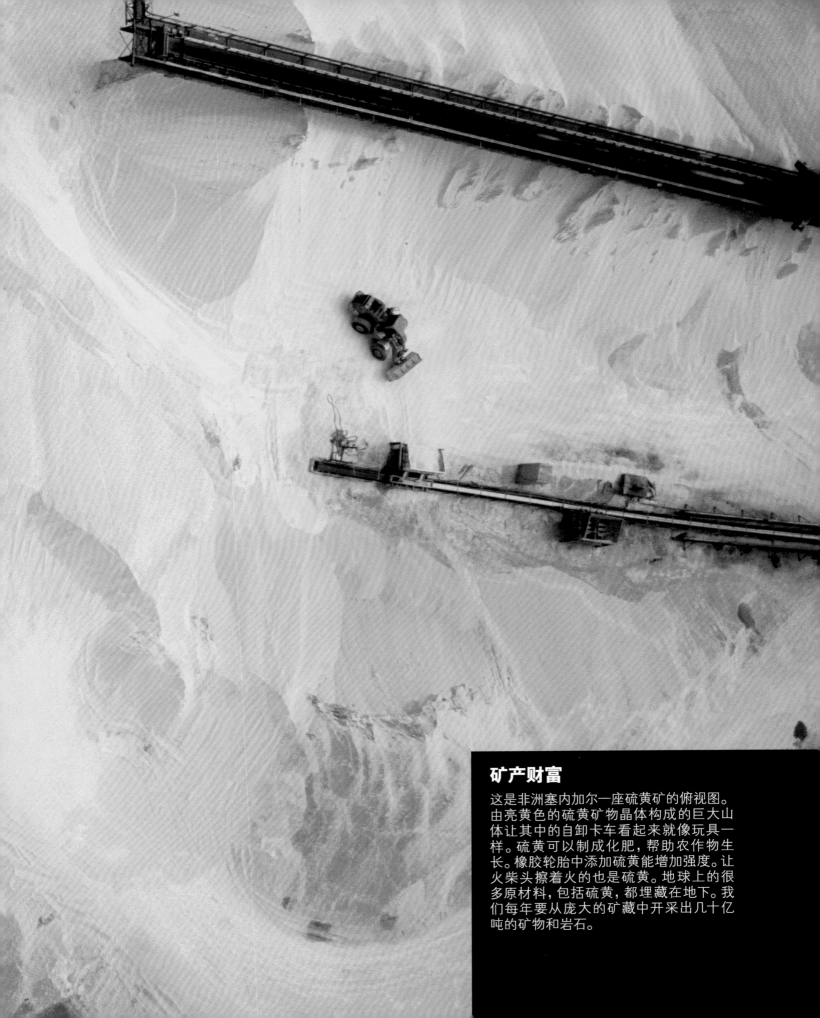

矿产财富

这是非洲塞内加尔一座硫黄矿的俯视图。由亮黄色的硫黄矿物晶体构成的巨大山体让其中的自卸卡车看起来就像玩具一样。硫黄可以制成化肥，帮助农作物生长。橡胶轮胎中添加硫黄能增加强度。让火柴头擦着火的也是硫黄。地球上的很多原材料，包括硫黄，都埋藏在地下。我们每年要从庞大的矿藏中开采出几十亿吨的矿物和岩石。

* 晶体在岩石内是怎样生长的？
* 你能在地球上打个多深的洞？
* 金字塔由多少石块组成？

地球深处

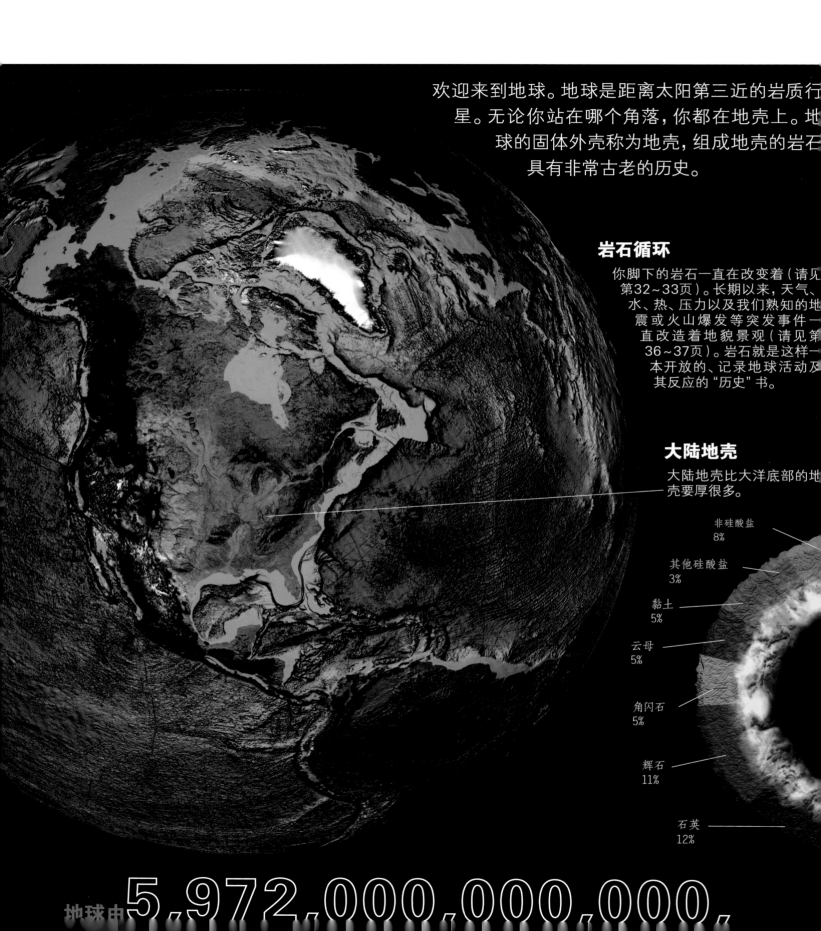

欢迎来到地球。地球是距离太阳第三近的岩质行星。无论你站在哪个角落，你都在地壳上。地球的固体外壳称为地壳，组成地壳的岩石具有非常古老的历史。

岩石循环

你脚下的岩石一直在改变着（请见第32~33页）。长期以来，天气、水、热、压力以及我们熟知的地震或火山爆发等突发事件一直改造着地貌景观（请见第36~37页）。岩石就是这样一本开放的、记录地球活动及其反应的"历史"书。

大陆地壳

大陆地壳比大洋底部的地壳要厚很多。

非硅酸盐
8%

其他硅酸盐
3%

黏土
5%

云母
5%

角闪石
5%

辉石
11%

石英
12%

地球由 5,972,000,000,000,

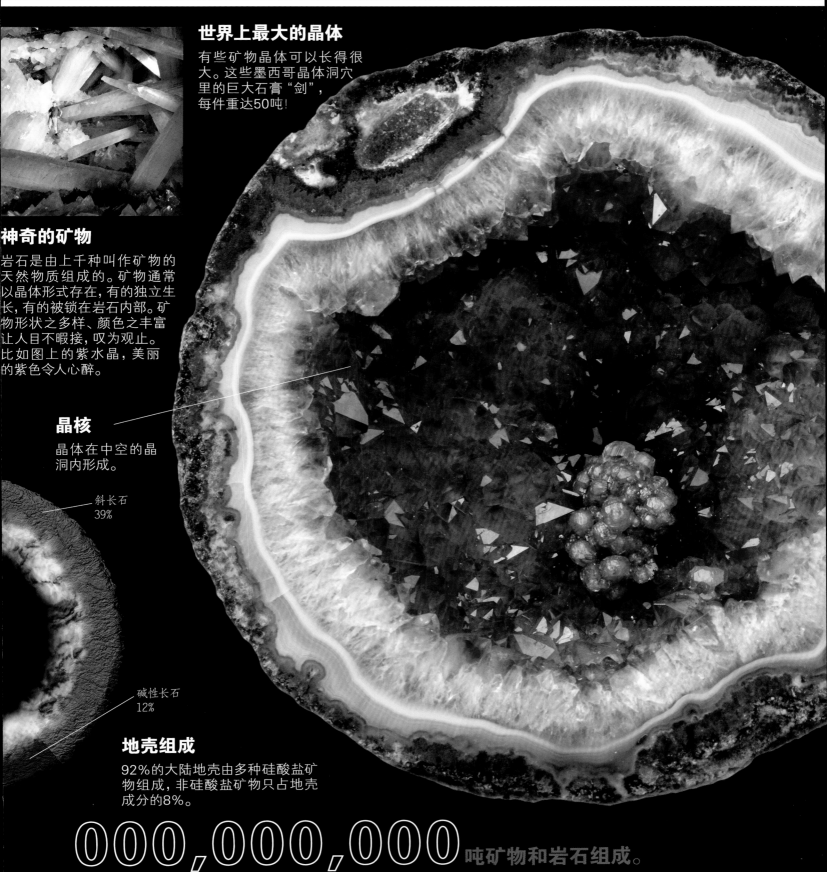

世界上最大的晶体

有些矿物晶体可以长得很大。这些墨西哥晶体洞穴里的巨大石膏"剑"，每件重达50吨！

神奇的矿物

岩石是由上千种叫作矿物的天然物质组成的。矿物通常以晶体形式存在，有的独立生长，有的被锁在岩石内部。矿物形状之多样、颜色之丰富让人目不暇接，叹为观止。比如图上的紫水晶，美丽的紫色令人心醉。

晶核

晶体在中空的晶洞内形成。

斜长石
39%

碱性长石
12%

地壳组成

92%的大陆地壳由多种硅酸盐矿物组成，非硅酸盐矿物只占地壳成分的8%。

000,000,000 吨矿物和岩石组成。

矿物和岩石 [晶体集合]

如果切开一块岩石，你就会看到它其实是由各种各样不同的矿物组成，而且它的各个部位都是一样的，这是因为矿物是由原子重复排列形成的。

化学组成

矿物可能由一种化学元素组成，但通常是由两种或两种以上元素组成的化合物。原子以重复有序的方式排列组合在一起，形成特殊的矿物晶体结构。

雌黄晶体

棕色之美
这些棕黄色的长柱状晶体就是雌黄晶体。雌黄是由硫元素和砷元素组成的化合物。

特写线索

通过研究岩石认识地球历史的科学家就是地质学家。通过分析岩石中包含矿物的种类，他们就能鉴定岩石的年龄及其经历的地质事件。闪长岩看起来没有光泽，很不起眼，但如果把这块看起来灰溜溜的岩石放到显微镜下，你就将看到一个微小而美丽的晶体矿物世界！

闪长岩

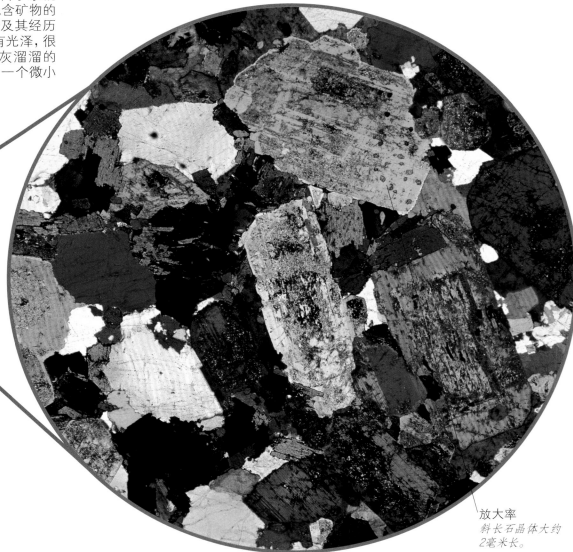

放大了的闪长岩
如果把一束光照在一片闪长岩薄片上，你就会看到这样彩虹般绚丽的色彩。要看到这样的景象，地质学家必须将岩石切成超薄的片，其厚度只有一张邮票厚度的五分之一，看起来几乎透明。

放大率
斜长石晶体大约
2毫米长。

认识岩石

地质学家们根据岩石的形成过程将它们分成三类：火成岩、沉积岩和变质岩。

玄武岩

火成岩

这类岩石是岩浆（熔化的岩石）冷却和凝固后形成的。有些火成岩在地下形成，其他如玄武岩，是岩浆从火山喷发出来以后形成的。

砂岩

沉积岩

这类岩石是由沉积在地表的颗粒和碎屑等沉积物形成的。一层层沉积物年复一年地堆积，最终被压实并固结形成坚硬的岩石。砂岩就是由厚厚的沙层形成的。

片麻岩

变质岩

在地球内部导致造山运动等的巨大挤压力作用下，岩石在高温高压作用下发生变化而形成的岩石叫作变质岩。从这件片麻岩标本上可以看到巨大压力导致的波纹构造。

地球上有超过 3,000 种矿物。

美国夏威夷火山国家公园

美国亚利桑那州的红崖国家保护区

位于波兰的塔特拉山脉

晶体气泡

晶洞外表看起来就是暗淡无光的普通岩石，然而内部却别有洞天，缀满了闪闪发光的矿物。如果晶洞内部生长出巨大的矿物晶体（通常是石英），就会形成令人惊叹的自然奇观。

晶洞的形成

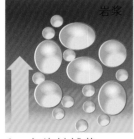

1 气泡被捕获
炽热的岩浆在凝固过程中将其中的气体困在里面，形成空洞。

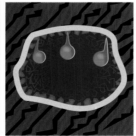

2 缓慢滴注，矿物富集
富含矿物的地下水缓缓流过，矿物逐渐沉积下来。

3 晶壳
空洞中充满了矿物晶体。

更多信息

图示含义请见第112页

玉髓（雷公蛋）
石英　基奥卡克晶洞
詹姆士·赫顿
片麻岩　火成岩　沉积岩　变质岩

《美国国家地理知识小百科：岩石与矿物》
[美]史蒂夫·托米塞克/著

《岩石与矿物：全世界500多种岩石与矿物的彩色图鉴》
[英]克里斯·佩兰特/著

参观美国俄亥俄州菩提因岛晶洞，世界上最大的晶洞。

美国爱荷华州的晶洞国家公园陈列着公园内发现的晶洞标本。

地质学家：研究地球起源、历史和地球结构的科学家。

凝固：物质形态从液态变为固态。

地球宝藏 [邂逅晶体]

亮丽的彩虹色使电气石（最右方中间）成为地球上最多姿多彩的矿物。粉红色碧玺曾被清朝慈禧太后（1835—1908）所收藏，她从美国加利福尼亚州的喜马拉雅矿购买了大量的宝石，粉红色碧玺仅仅是众多珍稀岩石矿物藏品中的一枚。

蛋白石

铜

绿宝石

菱锌矿

五角石

蓝晶石

砂岩

磷氯铅矿

富拉玄武岩

片岩

玉髓

方铅矿（球形）

岩盐

片沸石

文石

奥氏体

萤石

透视石

硫黄

雌黄

彩钼铅矿

白钙沸石

琥珀

方解石

电气石

方砷锌矿

石榴石

杆沸石

电气石

银星石

钴白云石

辉钼矿

重晶石

黄铁矿

黑曜石

石灰岩

菱锰矿

地球是怎样形成的 [地球的组成]

岩石和矿物的历史就是地球的历史。几十亿年前，形成地球的"原材料"只是一个不停旋转的尘埃圆盘里那些星星点点的尘埃微粒。它们最终聚集到一起形成了拥有炽热矿物质内核和薄薄固体岩石外壳的星球——地球。

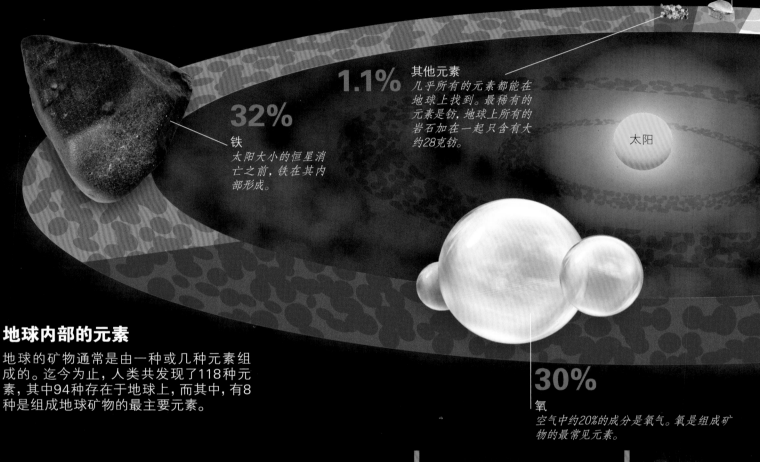

1.5% 钙
动物外壳和骨骼中的重要金属元素。

1.4% 铝
地壳中非常常见的金属元素。

1.1% 其他元素
几乎所有的元素都能在地球上找到。最稀有的元素是钫，地球上所有的岩石加在一起只含有大约28克钫。

32% 铁
太阳大小的恒星消亡之前，铁在其内部形成。

太阳

30% 氧
空气中约20%的成分是氧气。氧是组成矿物的最常见元素。

地球内部的元素

地球的矿物通常是由一种或几种元素组成的。迄今为止，人类共发现了118种元素，其中94种存在于地球上，而其中，有8种是组成地球矿物的最主要元素。

12,262米：

人类在地球上打钻的最深纪录。

地球的形成

怎样制造出一个外面硬里面软的星球呢？你需要一个薄薄的外壳罩在一个面团一样的内核上，这个内核还应该是火热的、黏黏的，但核心却是硬的。

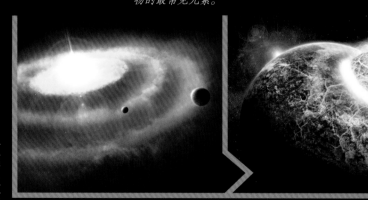

1 从尘埃云开始
一块由气体和尘埃组成的云团绕着新诞生的恒星（比如太阳）旋转。矿物颗粒会慢慢聚集到一起，在引力作用下，更多矿物被吸引并聚拢，于是逐渐形成了行星。

2 混合
这时会生成一些巨大的岩石团块，它们相互碰撞并因此重新熔化成一个单独的熔融块体。

2%
镍
矿工很容易将镍与另一种更值钱的元素铜相混淆，所以他们给这种元素起了一个外号——"老尼克"，意思是"魔鬼"！

3%
硫
地球上少数几种能以单质形式存在的元素之一，常见于火山周围。

14%
镁
镁元素常常溶解在海水中。

15%
硅
沙子中含有硅，可用于制造玻璃、水泥和计算机芯片。

分层的地球
地壳岩石层之下是地幔，从最外层的坚硬岩石，向下逐渐变成黏稠的岩浆。地球中央是一个液体的地核，核的中心是由铁和镍组成的固体。

大气层
轻的气体形成大气层，这层没有矿物。

地壳
大洋之下的地壳只有大约7千米厚，而大陆地壳的厚度可以达到大洋地壳厚度的10倍。

上地幔
由质地柔软的岩石组成。这些岩石熔融而成的岩浆自火山喷出后就是我们熟知的火山熔岩。

下地幔
位于地下660千米~2,990千米深处，由半熔化的黏稠的熔岩组成。

外地核
是我们脚下2,990千米~5,150千米深处的一团液体的铁和镍。

内地核
巨大的压力使金属成为固体。这里的温度相当高，几乎和太阳表面温度相当。

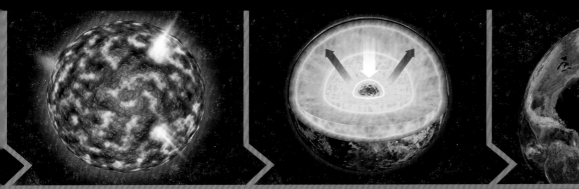

3 挤压
现在重力该起作用了，它将行星挤压成一个更致密的球体。这个过程会释放出更多的能量，使球体表面沸腾。陨石撞击也会使温度升高。

4 慢慢烘烤
地球的层状结构在1,550℃以上才会形成。金属等密度大的矿物沉到中心，而较轻的矿物浮在地球表面。

5 完美地壳的形成
随着地表的冷却，较轻的矿物形成脆硬的地壳。岩石中的水分不断蒸发形成潮湿的大气层和液体海洋。就这样，经历了大约46亿年的演变，地球成了现在这个样子。

岩石制品 [坚不可摧]

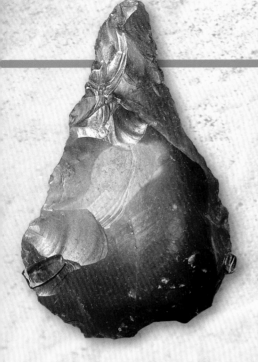

人类使用地球表面的岩石已有成千上万年的历史，既建成了简陋的居所，也制造出许多了不起的建筑物。在最初的古代世界七大奇迹中，只有埃及的金字塔完整地保存至今。构成大金字塔基部的巨石大得惊人。金字塔占地达5.5万平方米，至今仍是世界上最大的石头建筑。

石器时代的工具
这件燧石刀有160万年历史，史前人类将它打磨得很锋利，用于切肉或植物。

石头的年龄

石头经得起风吹日晒与岁月的侵蚀，在过去的6,000年里，世界上很多著名建筑物都选用岩石作为建筑材料。人们已经知道如何将岩石切割成需要的形状，如何用胶水一样的水泥将岩石黏结起来。今天的大型建筑物中都含有混凝土。

简约的石板
最早的石制纪念碑是用巨石做成的。这些就是从山坡上切割下来的巨大而平坦的石板。

位于爱尔兰的巨石桌，大约制成于
公元前**2900**年。

用水切割

古埃及人是技艺精湛的泥瓦匠和石匠。他们不需要高级的钻孔机或者石锯，仅用湿木楔就能劈开石头，用辉绿岩石锤来雕塑岩石。

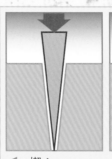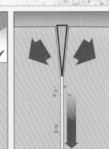

1 楔入
木楔被砸进岩石的裂隙中。

2 浸泡
向木楔注水并充分浸泡。

3 劈开
湿木楔向两边膨胀并劈开石头。

按需切割
大金字塔由200多万块石灰岩石块组成，每块都被精确地切割成所需形状。在过去的很长一段时间里，大金字塔一直是世界上最高的建筑，直到1311年被英国的林肯大教堂取代。

埃及的吉萨大金字塔，大约建成于
公元前**2540**年。

防御工程
中国的长城大部分是用砖块砌成的，是一道抵御侵略者的强大屏障。所用的砖块是将泥坯加热硬化而成的。

建成于公元
1570年的明代长城。

混凝土

煅烧石灰石等原料可以得到水泥，水泥再搅拌入沙子和黏土便制成了混凝土。加水制成黏稠液体后，混凝土就可以灌注成任何形状。干燥后的混凝土像岩石一样坚硬。从建造摩天大楼到铺砌人行道，混凝土都有广泛的应用。

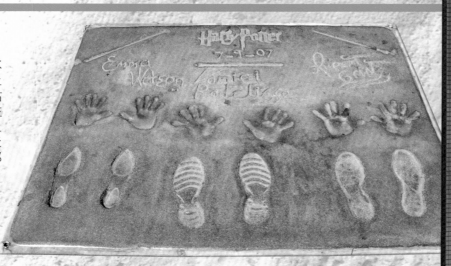

留下印迹
好莱坞的星光大道上，名人在湿的混凝土上留下手印和足迹。

1,500亿：450克混凝土中的沙粒数。

混凝土芯
摩天大楼由钢筋支撑，但是仍然需要石头等建筑材料。钢筋从上到下贯穿建筑物内厚厚的混凝土柱，这样才足够坚固。

光滑的表面
泰姬陵是纪念一位印度皇后的雄伟建筑，由并不十分昂贵的砖建造。其微光闪烁的外表面由抛光的大理石砌成。

中国上海的环球金融中心，建成于公元 **2008** 年。

巨大屏障
中国历代修筑的长城，总长度超过2万千米。

印度的泰姬陵，建成于公元 **1653** 年。

地球和我们

土耳其卡帕多西亚的一所房子是在坚硬的岩石上雕凿而成的，像不像一张牙齿不全的笑脸？大约500万年前，来自附近火山的炽热尘埃云倾泻而下，在地表覆盖了厚厚一层灼热的火山灰。随着时间的推移，火山灰慢慢冷却变硬，成为火成岩。从古罗马时期开始，这里的人们就在坚硬岩石上凿刻出这样的房子居住。房间以楼梯、隧道和走廊彼此相连。

岩石科技 [加工了的岩石]

我们仍旧生活在石器时代！看你的周围，任何东西都来自大地。金属、玻璃、微芯片和陶土，这些都取自岩石。正是因为学会了如何从岩石和矿物中提取原材料，人类才建成了现代社会。

石灰岩

石灰岩中的矿物是碳酸钙。石灰岩被用于制造硬化水泥、石膏和白色涂料。当然，它的用途远不止这些。

瓷砖
粉末状的石灰岩有时用于生产瓷砖，瓷砖十分坚硬且用途广泛。

身边的矿物

从矿物中提取的原材料在现代生活中非常重要，包括生活用品中的所有金属，从炊具到手机电路莫不如此。

纸尿布
纯碳酸钙微粒被添加在纸尿布的织物上。这些细小颗粒允许空气自由通过，并且防止液体渗漏。

铅
方铅矿中含有铅。人类每年开采约440万吨的铅，大多数用于生产汽车电池。

铁
赤铁矿和磁铁矿等铁氧化物矿物中含有铁，提取铁的成本很低。大多数铁用于炼制钢材。

铜
人类每年开采大约2,200万吨的铜，用于生产电线和水暖管件等。

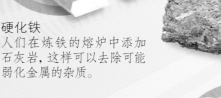

硬化铁
人们在炼铁的熔炉中添加石灰岩，这样可以去除可能弱化金属的杂质。

盐
盐是一种重要的化工原材料，也用于防止路面结冰和保存食物。

黏土
黏土矿物用途广泛，包括生产陶瓷器皿和陶瓷材料。

每年，地球人均消耗铁2.2吨。

牙膏
牙膏中会添加由石灰岩磨成的非常细小的碳酸钙颗粒。这些细小的颗粒轻柔地摩擦牙齿，让牙齿变得更光洁。

药物
吞吃碳酸钙对人体无害，因此，复杂的碳基药物中会加入碳酸钙制成药片。

二氧化硅

二氧化硅是最常见的矿物，它是沙子和石英的主要成分。充满沙子的沙漏是早期的计时工具。石英表是利用石英晶体的振动规律计时的。

玻璃
沙子最常见的用途是制造透明玻璃。制造玻璃是一种我们已经使用了4,000年的古老工艺。

微芯片
计算机芯片是由只有0.75毫米厚的纯硅片制成的。每一片硅片都是一个独立的片状晶体。

光纤
光导纤维的简称，利用光的全反射原理传输数据，由高档的二氧化硅玻璃制成。

钢筋混凝土
强度最高的混凝土是用钢筋加固的。混凝土中含有石灰岩和沙子，碳则让钢具有超高强度。

太阳能光伏板
硅半导体制成的太阳能电池可以将太阳能转化为电能，能给从计算器到宇宙飞船的多种设备提供动力。

铅笔芯
石墨是一种柔软、光滑的碳，可用于制作铅笔芯（并不是真正的铅！）、电池、汽车制动器的衬片以及润滑剂。

碳

纯碳以煤、石墨和金刚石的形态存在。大量含碳化合物存在于原油中。众多庞大产业专门开采这些有价值的矿物。

碳纤维
纤细的碳纤维与塑料混合可以制成高强度的超轻材料，可用于制造赛车、飞机机翼和运动器材。

塑料
塑料是世界上应用广泛的材料之一，它是由原油中的碳基矿物提炼制成的。

蜡笔
富碳的油和蜡使蜡笔更细腻光滑。类似的蜡还用于生产蜡烛和唇膏。

* 什么时候房子那么大的石头会飞上天?

* 石头里面为什么会困着巨大的蜻蜓?

* 漫游者号机器人在哪里研究外太空岩石?

了不起的岩石

全明星岩石 [相册]

我们的地球有太多的部分被混凝土覆盖。然而就在这个被人类改造的地表之下，是一个神奇的岩石世界。你越是仔细地观察岩石，越能更多地了解岩石的组成和历史。

火成岩

这种晶形良好的岩石中有时含有贵金属和无价的宝石。某些火成岩（如玄武岩）中，晶体颗粒可能十分微小，而有些火成岩则相反，比如伟晶岩，晶体颗粒可能长达几十厘米。

115：岩石的种数。

黑曜石

橄榄岩

粉色花岗岩

闪长岩

凝灰岩

金伯利岩
（含钻石）

流纹岩

矿渣

辉长岩

伟晶岩

浮石

安山岩

玄武岩

沉积岩

构成这些岩石的颗粒粒度大小相差悬殊，粒度最小的是石灰岩中的微小颗粒，最大的是砾岩中卵石大小的碎块。燧石具有玻璃状外观，岩盐则具有结晶结构。

燧石

铁矿石

砾岩

砂岩

角砾岩

岩盐

石灰岩

变质岩

变质岩的外观和它们的原岩（变质前的岩石）罕有相同之处，比如变质石英岩和沉积砂岩。变质岩还可能有条带状构造，比如下图中的混合岩标本。

角闪岩

片麻岩

板岩

片岩

大理石

角岩

石英岩

混合岩

岩石循环 [动态地球]

世界上没有什么东西能永恒不变，岩石也不例外。亿万年来，水、天气以及地球内部的热和压力慢慢地破坏着旧的岩石，并利用其中的矿物制造出新的岩石。这种持续的循环称为岩石循环。

岩石循环

地球的岩石已经循环往复了几十亿年。在无休止的循环中，地球一直在用同样的材料制造和改造岩石。几乎可以肯定的是，今天你在岩石中看到的矿物晶体就是过去某段时间里完全不同的另一种岩石。

能量来源

岩石循环主要由热能驱动。地球内部的热量将岩石熔化为岩浆，继而岩浆从火山口以火山熔岩的形式喷发出来，也可能向上推挤固体的地表岩石，使其弯曲或破裂。来自太阳的热能加热大气层，形成各种天气，也在侵蚀着岩石。在改变岩石类型的过程中，重力也起着重要的作用。

天气可使岩石变成碎片

太阳能

岩浆形成新的火成岩

火山热能

重力作用挤压着地下岩石

重力

正在风化和重新形成的沉积岩

沉积岩被挤压成为变质岩

变质岩

变质岩熔融形成火成岩

变质岩再次发生变质作用

"压力锅"

热和压力能使岩石在熔融的情况下发生变化，这就是变质作用（请见第54~55页）。地球板块运动和重力牵引作用使岩石受到挤压，并受到上涌岩浆的热力烘烤。

大理岩

板岩

片岩

变质岩
大理岩就是石灰岩变质而成的变质岩。页岩被挤压碎裂并受到烘烤后便形成板岩。片岩的形成过程也是如此，不过其形成需要更高的温度。

沉积岩

火成岩熔融重塑

火成岩

成岩风化
式沉积物

日积月累的侵蚀

在地球表面，岩石一直被各种外力破坏。河水、波浪和冰川磨损它们；雨水中的化学物质腐蚀它们；还有霜冻、温度变化以及树根也会使它们开裂。这种严酷的破坏过程就是风化作用。

砂岩

石灰岩

砾岩

沉积岩

风化作用产生的岩石颗粒以沙、泥和其他沉积物的形式层层堆积起来。这些层状物逐渐形成新的沉积岩（请见第40~41页）。

循环往复

左边这张图显示了岩石循环的过程。岩石转化有三种形式：熔化后冷却形成火成岩，遭受挤压和烘烤形成变质岩，或者经受风化作用形成沉积岩。任何一种岩石都可以变成另外任何一种，或者重新形成同种岩石的全新版本。

黑曜石

辉长岩

玄武岩

熔融

地下的高温熔化了下地壳和上地幔的岩石，使其变成岩浆。当岩浆上升到达地表，便冷却并形成新的火成岩（请见第36~37页）。

火成岩

黑曜石和玄武岩是以熔岩形式喷出地表的岩浆冷却后形成的。熔岩在地表固化时便形成辉长岩。

火成岩 [最年轻的岩石]

火成岩的名字源自拉丁文"igneus"，意思是"着火的"，又被称为火岩石。它们确实是从火中生成的。源自地下深处的岩浆或熔岩冷却结晶时，火成岩就形成了。

锋利的石头

黑曜石是为数不多的不含晶体的火成岩。它冷确得非常快，冷确过程中形成了深深的、玻璃般平整的裂缝，进而碎裂成锋利的碎片，可以被制成刀。外科医生甚至可以用黑曜石手术刀实施手术。

玄武岩

黑色的玄武岩是世界上储量最丰富的火成岩，几乎随处可见，在大洋底更是如此。

形成：	火山喷发时形成的坚硬岩石
外观：	黑色，质地粗糙，有细小的结晶颗粒
主要用途：	建筑石料，铺路，卵石

难以磨损
由于玄武岩非常坚硬，很难被水侵蚀，位于冰岛的玄武岩石柱上便形成了唇形的瀑布出水口。

残忍的玻璃
这把可怕的黑曜石刀，是古代墨西哥玛雅人祭祀时用来挖祭品心脏的。

伟晶岩

毫无疑问，伟晶岩具有巨大的晶体。这些晶体之所以能够长大，是因为岩浆中混合的水能使新生矿物在岩石冷却过程中一直浸泡在水里。伟晶岩中含有多种稀有金属，如钨和锂，也是一种重要的宝石源岩。

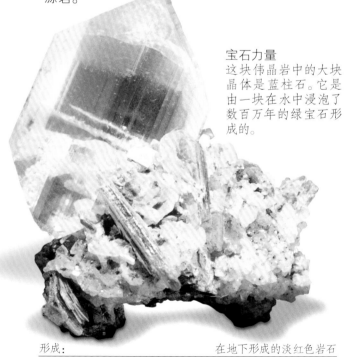

宝石力量
这块伟晶岩中的大块晶体是蓝柱石。它是由一块在水中浸泡了数百万年的绿宝石形成的。

浮石

浮石像一块石质的海绵，是一种充满细小气泡和空隙的火山玻璃，在充满气体的岩浆喷出火山时形成的。

形成：	灰色至黑色的火山₮
外观：	质地粗糙而柔软，没有肉眼可见的晶体
主要用途：	洗石，轻质混凝土

海绵状漂浮物
黑曜石会沉入水底。浮石由于充满空隙，因此能在水中漂浮！

橄榄岩

这是组成地幔的主要岩石。当它被向上喷涌的岩浆流带到地表的时候，我们才能看到。一些橄榄岩中含有钻石。

形成：	黑绿色至黑色的地幔岩石
外观：	可见大的斑点状晶体颗粒
主要用途：	铬和钻石的主要源岩

金属成分
岩石呈现的绿色，源自岩石中含有金属铬的矿物。

形成：	在地下形成的淡红色岩石
外观：	质地粗糙，具有大型晶体
主要用途：	是金属和宝石的源岩

花岗岩

这是在我们的脚下最常见的岩石。黏稠的岩浆在地层深处冷却时形成的巨大的花岗岩岩基，其中有些蔓延数百千米。

形成：	在地下形成的斑驳的粉红色、白色、灰色或黑色岩石
外观：	粗糙，有不同尺寸和颜色的晶体
主要用途：	建筑用石，铺路，雕塑，台面

地球陆地的
70%
由花岗岩组成。

建筑石材
花岗岩是非常好的石料。经过抛光处理后，其大颗粒晶体显得特别美观。

火山活动 [炽热的岩石]

火山显示了地球令人敬畏的巨大能量。炽热的熔岩好似喷泉一般从地球深处涌到地球表面，不断形成新的火成岩，并重塑地球表面。

巨人堤
岩浆喷出地表形成熔岩，熔岩冷却后可能形成大量截面为六边形的六棱形石柱。位于于北爱尔兰的巨人堤有四万多根这样的石柱。

1 热液 炽热的熔岩流过地表，在低洼处形成熔岩湖。

流淌的熔岩

2 冷却 熔岩冷却并变得黏稠，终于不再流动。

冷却池

3 开裂 随着熔岩的凝固，形成一簇簇坚硬、规则的裂缝，石柱群由此诞生。

石柱群

火山弹
最猛烈的、爆炸性的火山喷发会抛出熔融状的岩石团块，称为火山弹。它们在空中飞行时，大多数化成鱼雷形状的岩石。大如葡萄，但是也有的大如房屋。

凝灰岩石雕
太平洋上的复活节岛以"摩艾"(巨型石像)著称。这些石像在几个世纪前用凝灰岩雕刻而成。凝灰岩是一种由火山灰形成的火成岩。

火山

与周围的固体岩石相比，岩浆的密度更小，因此容易向地表隆升。岩浆在岩浆房中聚集，最终容易向地表造成火山喷发。熔岩浆中的压力过大而蔓延，将所喷发之处烤焦，燃尽。熔岩在地表冷却后形成的火成岩，岩在喷出后冷却凝固，岩浆在地下凝固而形成的火成岩称为地下侵入。

火山口

火山灰云和气体

村庄
尽管存在危险，但是人们经常选择在火山附近居住，因为火山作用形成的矿物质使得土地更加肥沃，适于耕种。

熔岩湖

岩脉
被推挤到垂直裂隙中的岩浆，冷却后形成的墙状岩石，称为岩脉。

岩管
是一条长长的通道，将熔融的岩浆从地下深处的岩浆房输送到火山口。

岩浆房
地下的岩浆房会变得越来越大，因为它可以熔融周围的地壳岩石。岩浆中的岩浆也可以冷却形成壁大的、穹顶形的岩体，称为岩基。

船岩
位于美国新墨西哥州的船岩是一座古老火山的残留物。火山活动时期形成的长长的岩脉，从坚硬的火山核心一直延伸到远方。

岩盖
这种圆顶形的岩浆在地质年代较早的两层岩石之间形成，最终会推挤上部岩层而形成小山丘。

岩床
岩浆填充在古老地层的水平裂隙中便形成岩床。岩床冷却后形成的火成岩结构，如辉绿岩（请见第102页）。

半穹顶
这座著名的花岗岩山体位于美国加利福尼亚州的约塞米蒂国家公园内，是一块古老的岩基，如今已经暴露于地表。

直面烈火
如果没有热防护服，这位勇敢的探险家进入太平洋安布里姆岛上的马鲁姆火山口时就将无法生存。熔岩不断翻滚着、纠结着，火山口的温度可达1,100℃。

可怕的历史

千百万年来，火山喷发出炽热的熔岩、火山灰和有毒气体。但只有当人类开始记录喷发细节的时候，我们才开始了解这些岩石工厂及驱动它们的神奇力量。

公元前1600年
神秘的亚特兰蒂斯城可能真实存在过，但被希腊的锡拉岛上一次最大规模的火山爆发所摧毁。

公元前20年
古罗马人认为，西西里岛上的埃特纳火山是伏尔甘（希腊神话中的火神和冶炼之神）的锻铁炉。

公元79年8月24日
历史学家小普林尼目睹了意大利那不勒斯附近的维苏威火山如何将罗马的庞贝和赫库兰尼姆两座城市摧毁。

维苏威火山灰中发现的物品

公元1883年8月26日
印度尼西亚的喀拉喀托火山爆发，造成36,417人死亡。这次火山爆发的影响波及全球。

公元2010年3月20日
火山灰从冰岛的埃亚菲亚德拉冰盖火山喷涌而出，弥漫天际，扰乱了整个欧洲的空中交通，数日内导致成千上万人行程受阻。

埃亚菲亚德拉冰盖的火山灰

印度尼西亚喀拉喀托火山喷发的隆隆声是历史上最大的爆炸声，**4,800千米以外都能听到。**

层状岩石 [化石保存之所]

较早形成的岩石在风化作用下破碎分解（请见第33页），成为新的沉积颗粒或碎屑。许多沉积岩就是由这样的沉积物形成的。沉积岩中发现的化石会告诉我们成百上千万年以前的地球生命往事。

从岩石到岩石

风化的岩石碎片被冲刷到河流中，又被携带到海洋里。旅途中，碎片被逐渐磨损，甚至受到更严重的破坏，成为非常细小的颗粒。这些颗粒以沉积物的形式沉降在河床或海底。如此一来，风化作用形成的碎屑物就成为新生沉积岩的原材料。

冰　　雨水

1 运输
风和雨将风化的岩石运送到河流中。湍急的水流再将岩石碎片带向大海。

沉积物

2 沉积
河流在海岸附近变宽，流速变慢，一路携带的岩石颗粒开始沉积。大部分泥沙就在海岸外侧沉积下来。

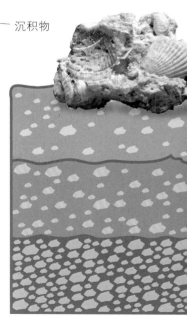

3 新岩层
沉积物逐渐堆积。随着时间的推移，上部沉积物在重力作用下挤压出下覆岩层中的水分，使细粒沉积物紧密胶结而成为新的岩石。

沉积峡谷
薄层沉积物堆积形成的厚层沉积物称为岩层。不同沉积物交替沉积形成的岩层可以呈现出多彩夹心蛋糕般的岩石外貌。风和水的不断侵蚀能将岩层塑造成令人惊叹的形状和图案，比如美国亚利桑那州的羚羊峡谷。

谁更年轻?

17世纪的地质学家尼古拉斯·斯丹诺认识到：沉积物通常沿水平面沉积，位于沉积岩顶部的岩层最年轻，位于底部的最老。

化石研究
斯丹诺是地质科学先驱之一。

尼古拉斯·斯丹诺

地质学家

生卒：	1638.1.1~1686.11.25
成就：	认识地层沉积原理

铸型化石

17世纪时，很多人认为化石是在岩石中生成的。但是，尼古拉斯·斯丹诺正确地指出：化石是保存在岩石中的古代动物和植物的残留物。

1 古代生物
沉积岩中经常含有化石，这是因为沉积岩是在富含水生生物的河流和海洋底部形成的。下面以一条古鱼为例，说明化石的形成。

2 鱼死亡
鱼死亡时，尸体下沉到海底。不断沉降在海床上的沉积物将其覆盖。

3 保存
在被沉积物埋藏的过程中，鱼的软体部分被逐渐分解，骨骼等硬体部分吸收了有助于其保存的矿物质。

4 形成化石
随着沉积物固结成岩，鱼的遗骸也成为化石。千百万年后，风化作用终于将其暴露在岩石表面。

恐龙化石墙
这些恐龙骨骼化石保存在一段倾斜地层中，是美国犹他州恐龙国家纪念碑上众多化石的一部分。在侏罗纪（1.99亿~1.45亿年前），许多恐龙的尸体被河流裹挟着漂流而下，沉陷在沙洲上，最终变成了化石。

岩石如钟 [穿越时间长河的化石]

保存在坚硬岩石中的骨骼、贝壳等化石能够告诉我们，当这些岩石还是柔软的沉积物的时候，有哪些动物和植物生存过。科学家还能了解地球生命历史的许多奥秘。

岩石科学
研究化石的科学家称为古生物学家。

化石记录

地质学家以宙、代和纪为时间单位记录历史。前寒武纪地层中没发现多少化石；古生代地层中发现了比较多的化石，因为主要的生物类群在当时已经出现了。爬行动物在中生代统治地球。我们生活在新生代，也称为哺乳动物时代。

大灭绝事件

2.5亿年前
大灭绝

化石记录表明：许多生物以集群灭绝的方式突然在地球上消失了。在这次大灭绝中，83%的物种消失了。

3.75亿年前
脊椎动物开始离开海洋，适应陆地生活

42亿年前
地球上迄今发现的最古老的岩石可以追溯至42亿年前

4.5亿年前
陆地上出现了简单的植物和动物

3亿年前
地球上的所有陆地连在一起形成一个超级大陆，称为盘古大陆

● 46亿年前 前寒武纪　　● 5.42亿年前　　　　　　古生代

| 寒武纪 | 奥陶纪 | 志留纪 | 泥盆纪 | 石炭纪 | 二叠纪 |

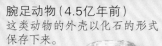

腕足动物（4.5亿年前）
这类动物的外壳以化石的形式保存下来。

海百合（4.4亿年前）
这类海生动物能附着在海底。

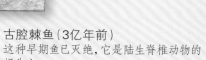

蜻蜓（3亿年前）
这些巨型的捕食性昆虫统治着史前天空。

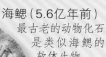

叠层石（30亿年前）
叠层石是由数以百万计的、由古老的微生物和沉积物堆积而成的薄层组成的。

海鳃（5.6亿年前）
最古老的动物化石是类似海鳃的软体生物。

三叶虫（5.2亿年前）
是长得像木虱（潮虫）的海洋生物。

古腔棘鱼（3亿年前）
这种早期鱼已灭绝，它是陆生脊椎动物的祖先之一。

2.5亿~6,500万年前
中生代

生活在中生代的恐龙是最著名的古代生物。恐龙属于爬行动物，其中一些种类是地球上生存过的最大的动物之一，被子植物也在中生代开始发展。

三角龙
（7,000万~6,500万年前）

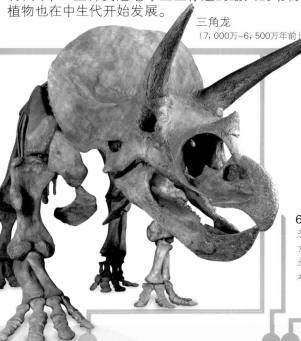

20万年前
现代人出现

已知最早现代人的祖先化石来自非洲。相对其它生物而言，人类是地球上初来乍到的新成员，人类生存的全部时间仅占地球漫长演化历史的0.02%。

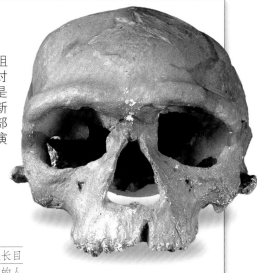

现代人（属于晚期智人）	
生物分类：	灵长目
学名含义：	有智慧的人

6,500万年前
恐龙在大灭绝中灭亡，哺乳类和鸟类逐渐在地球上繁盛起来。

5,600万年前
不会飞行的巨大鸟类一度成为陆地上最凶猛的食肉动物。

258万年前
地球变冷，这个时期的化石包括猛犸象、犀牛和剑齿虎等。

亿年前 中生代			●6,500万年前	新生代	今天
纪	侏罗纪	白垩纪	古近纪	新近纪	第四纪

菊石（2亿年前）
这些自由游泳的软体动物生活在地球的海洋中。

带羽毛的恐龙
（1.25亿年前）
现代鸟类与两足行走的恐龙有亲缘关系。

遗迹化石
生命的任何痕迹都可以成为化石，甚至一个脚印或鱼龙的这块粪便！

鳄（600万年前）
这种鳄能在古代海洋中游泳。

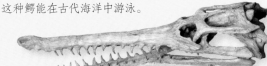

扇贝（2,200万年前）
这些扇贝化石在新生代地层中很常见。

巨齿鲨（150万年前）
这是巨齿鲨的牙齿化石。巨齿鲨是地球上生活过的最大的鲨。

未来化石
"人类时代"会创造新品种的化石吗？陶器、塑料或者水泥会成为化石吗？

剑齿虎（250万年前）
这种凶猛的捕食者能猎杀猛犸象等大型动物。

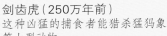

沉积岩 [大浪淘沙]

我们在地表看到的岩石很多是沉积岩。若你沿着海岸散步，不妨停下脚步看看卵石，再抬头望望山崖。不管是白垩、石灰岩还是砂岩，其中经常富含化石，了解这些知识，为将来成为地质学家做好准备。

世界屋脊

珠穆朗玛峰

在4.5亿年前是一片石灰岩海床。

白垩

是由海洋微生物的壳体形成的。大多数白垩形成于大约1亿年前，那时的海洋比现在大得多。粉笔曾经以白垩制成，不过现在都改用石膏制作了。

白垩高地
位于丹麦的这片高耸悬崖由122米高的白垩组成。

外观及形成：	海床上形成的软的、灰白色的岩石
表面：	细小颗粒，可能含有化石
主要用途：	水泥、黏合剂和食物填充剂

石灰岩

石灰岩是一种常见岩石，是贝壳和死亡后的珊瑚形成的，主要矿物成分是碳酸钙。虽然石灰岩很坚硬，但是雨水中微弱的酸就能使其缓慢地溶解。

外观及形成：	形成于海底的灰色、黄色或棕色岩石
表面：	中小颗粒
主要用途：	水泥、化肥、铁制品

化石
石灰岩能成为保存海洋生物化石的很好的母岩，比如这块含有帽贝外壳化石的石灰岩。

与炸药有关的粉末

炸药中含有一种叫作硅藻土的砂岩。如果没有这种柔软的粉末，毫无疑问，炸药的爆炸威力就将难以控制。组成硅藻土的颗粒就是硅藻的二氧化硅骨架，硅藻是在湖泊和海洋中生长的、微小的棕黄色藻类。

棒状炸药

砂岩

砂岩质地坚硬，是沙漠中风蚀作用或近岸处的水流侵蚀作用等产生的沙粒堆积而成的。砂岩的颗粒之间有细小的孔隙，常常可以储存水、天然气或石油。

外观及形成：	坚硬的黄色或红褐色岩石
表面：	小或中等粒度
主要用途：	建筑或研磨用石料

砾岩

这类沉积岩的颗粒最粗大，是几种岩石的大型碎屑镶嵌在细粒胶结物中形成的。含有磨圆卵石的称为砾岩。所含碎屑物棱角分明、形状各异的称为角砾岩。

外观及形成：	由大型卵石、石块与粗大颗粒、细颗粒物混合胶结而成
表面：	粗大颗粒，不含化石
主要用途：	建筑石材

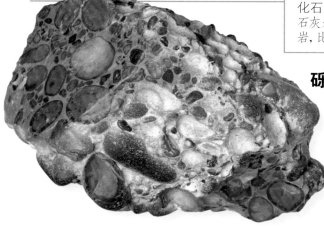

结节布丁
这种砾岩称为布丁石，是光滑的卵石被埋在古代海滩的沙子里形成的。

粉色宫殿
砂岩可以雕刻成复杂的形状和结构，印度斋浦尔的风之宫就是由砂岩雕琢而成的。

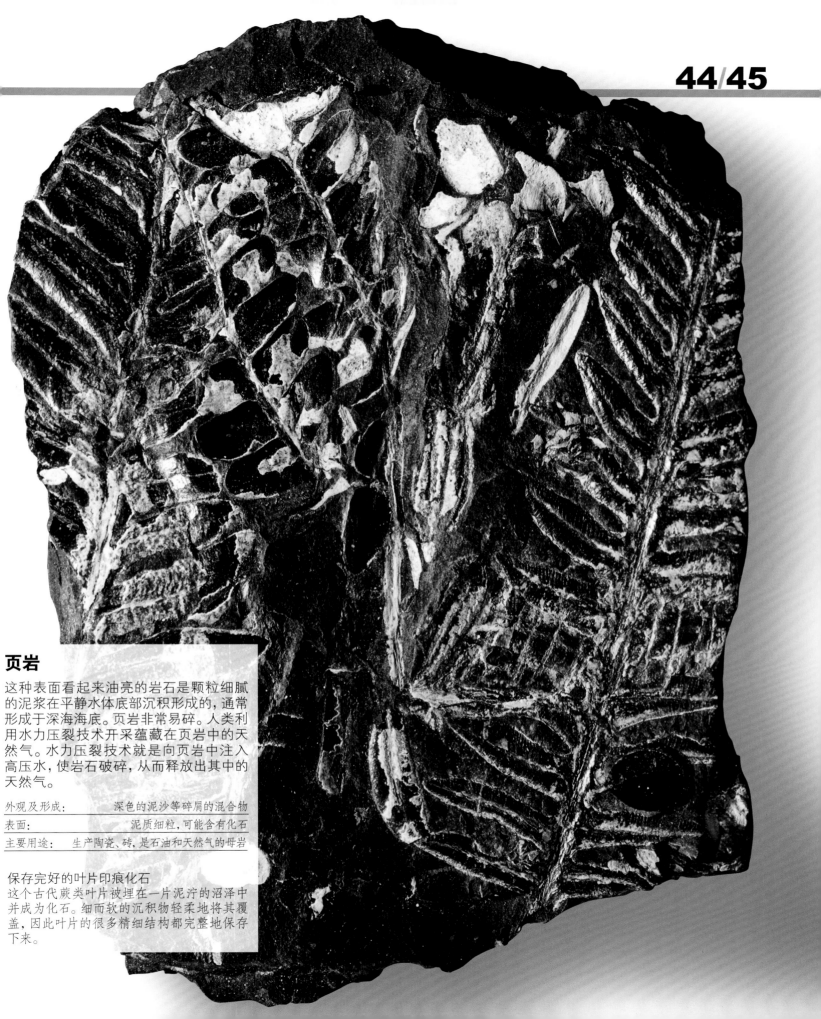

页岩

这种表面看起来油亮的岩石是颗粒细腻的泥浆在平静水体底部沉积形成的，通常形成于深海海底。页岩非常易碎。人类利用水力压裂技术开采蕴藏在页岩中的天然气。水力压裂技术就是向页岩中注入高压水，使岩石破碎，从而释放出其中的天然气。

外观及形成：	深色的泥沙等碎屑的混合物
表面：	泥质细粒，可能含有化石
主要用途：	生产陶瓷、砖，是石油和天然气的母岩

保存完好的叶片印痕化石
这个古代蕨类叶片被埋在一片泥泞的沼泽中并成为化石。细而软的沉积物轻柔地将其覆盖，因此叶片的很多精细结构都完整地保存下来。

峰林奇观

晨光熹微，给美国犹他州布莱斯峡谷的沉积岩层涂上一层柔美迷人的色彩。大约7,000万年前，这些岩石还只是浅海底部松散的沙石。几千万年来，它们被挤压成为坚固的岩石。如今，在雨水、冰冻和冰劈等作用下，这些砂岩不断遭受着磨损和破坏。这些由平顶孤峰（上）和神像般的石柱群（左）等岩石组成的奇特地貌就是峰林。

水生石 [化学作用]

有些沉积岩是溶于水中的矿物以固体颗粒形式沉淀而成的化学沉积物，通常因水体冷却或蒸发而出现。煤的成分几乎为纯炭，与石墨不同的是，煤是死亡植物的化学残留物。

俄罗斯1750年生产的燧发枪

煤

煤源自几千万年前潮湿沼泽中郁郁葱葱的植物。死亡的植物遗体不断下沉并被掩埋，在漫长的地质年代中被挤压、脱水，最终形成岩石。

分类：	有机化学沉积物
外观：	易碎、乌黑、坚硬、有玻璃光泽
主要用途：	燃烧发电，家用取暖

煤矿

和木头一样，煤可以燃烧，且放出的热量更多。煤层状分布，称为煤层。矿工通常在地下深处的煤层进行开采（请见第50页）。

燧石

在石灰岩和白垩的洞穴中，石英在富含矿物的水体中沉积时，能形成透镜状的块体，称为燧石结核。碎裂后的燧石结核新鲜断面颜色暗淡，具有玻璃光泽，其中的石英晶体颗粒很小，只能在显微镜下看到。

锋利的刃口
燧石能破裂成边缘锋利的薄片。石器时代的人们用燧石制造切割工具，比如斧头、铲子和箭头。

分类：	化学沉积物
外观：	玻璃光泽，肉眼看不到晶体颗粒
主要用途：	尖锐石器，装饰品，火石（敲击形成火花点火）

打出火花

燧石被用作打火石来生火。燧石与铁撞击会产生火花。这种性质被应用于早期的燧发枪。扣动扳机会带动弹簧锤上的一小片燧石，使其落下撞击金属触发杆，产生的火花就会点燃火药。

11米：
世界最大石膏晶体的长度。

铁矿石

条状铁矿石记录了地球历史上的一次大事件——亿万年前，藻类第一次向大气中释放氧气。

暗色条带
海洋中微体藻类释放的氧气与溶解的铁结合，形成铁矿石中高金属含量的暗色条带。

分类：	生物化学沉积物
外观：	细小颗粒
主要用途：	铁矿石资源

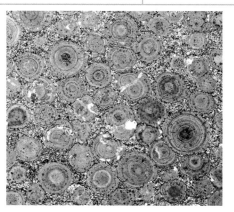

鲕粒灰岩

这种石灰岩看起来好像含有很多鱼卵。这些"卵"实际上是称为鲕粒的碳酸钙小球。鲕粒是碳酸钙在温暖的海水中缓慢沉降时形成的。

分类：	化学沉积物
外观：	含有圆球状鲕粒
主要用途：	抛光的饰面石材

内部环带
这片鲕状灰岩薄片上清晰地显示了鲕粒内部碳酸钙的多层现象。

石膏

石膏是一种蒸发岩，主要由石膏矿物形成（请见第85页），即由海水或者盐湖干涸后的残留物形成。石膏常在厚层矿床中出现，与其他沉积物形成夹层。雪花石膏是一种漂亮的白色石膏，可用于雕刻。

分类：	化学蒸发沉积物
外观：	颗粒极细，质软
主要用途：	熟石膏、石膏板

沙漠玫瑰

这种石膏在炎热的沙漠中形成。随着水分蒸发，矿物在沙粒周围结晶，便形成花朵般的晶簇。

当你打开家里面一盏电灯，你可能就在利用煤炭、石油或者天然气（主要成分为甲烷）燃烧产生的电。这些天然形成的燃料是从地球岩石中开采的，是由亿万年来奄埋在地下的植物和动物遗骸形成的，它们的生存年代可能要远远早于恐龙哟。

植物吸收空气中
的二氧化碳

采煤的矿山机械

被埋藏、压实并
加热的植物

煤

钻孔机从地下储层中
开采石油和天然气

化石燃料

生物吸收碳并利用碳构建自己的身体。当生物死去后，遗体被埋在数千米深、温度达到100℃以上的地下，且时间长达千百万年时，这些富含碳的遗骸就会发生石化作用，变成煤、石油或天然气。我们称这些燃料为化石燃料。

埋藏并形成燃料

死亡植物不断堆积在史前的热带沼泽里，微小海洋生物的遗体在海底一层层沉积。随着时间的推移，植物慢慢变成了煤，海洋生物则变成了石油和天然气。

开采

煤是从地下深处的隧道或地表的巨大矿坑（露天煤矿）中开采的。开采石油和天然气则是用打钻的方法，从地下岩层之间的储层中抽取出来的。石油和天然气在压力作用下上升到地表。

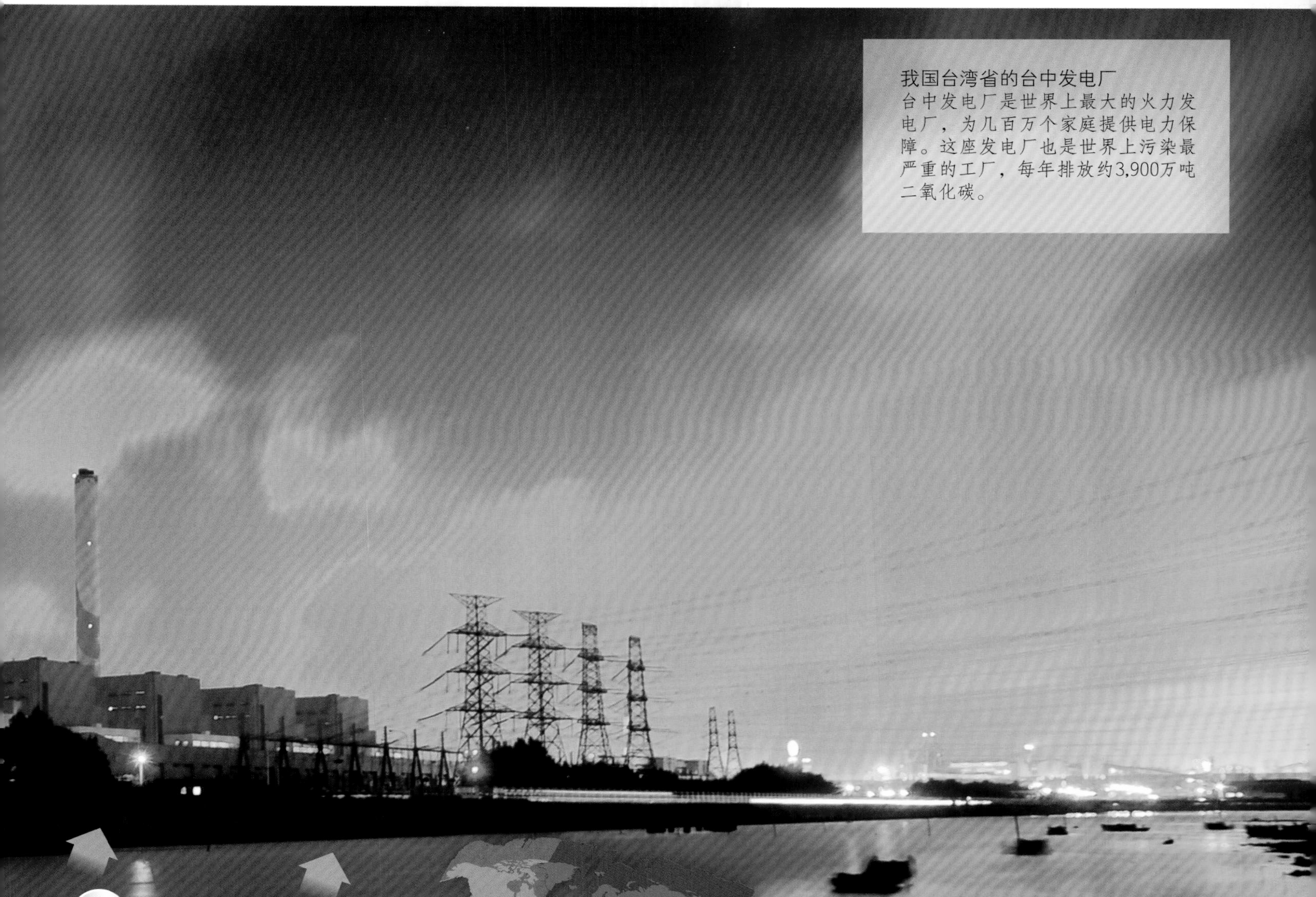

我国台湾省的台中发电厂
台中发电厂是世界上最大的火力发电厂，为几百万个家庭提供电力保障。这座发电厂也是世界上污染最严重的工厂，每年排放约3,900万吨二氧化碳。

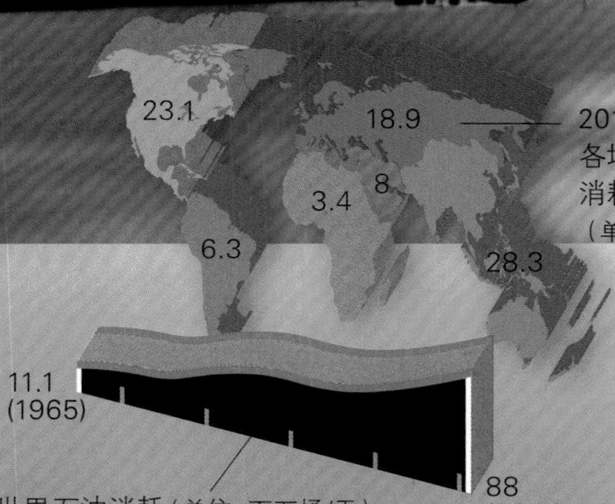

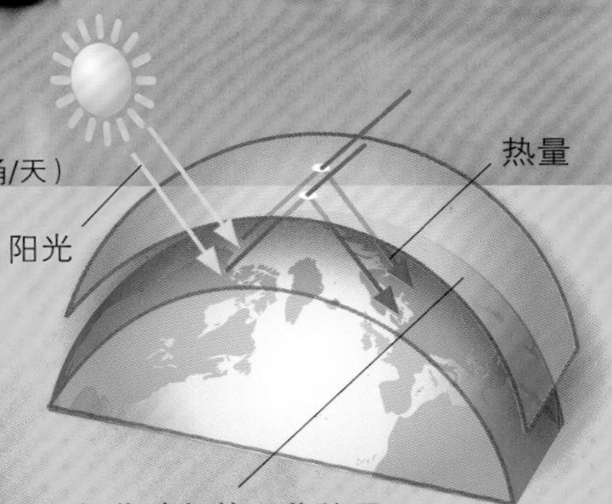

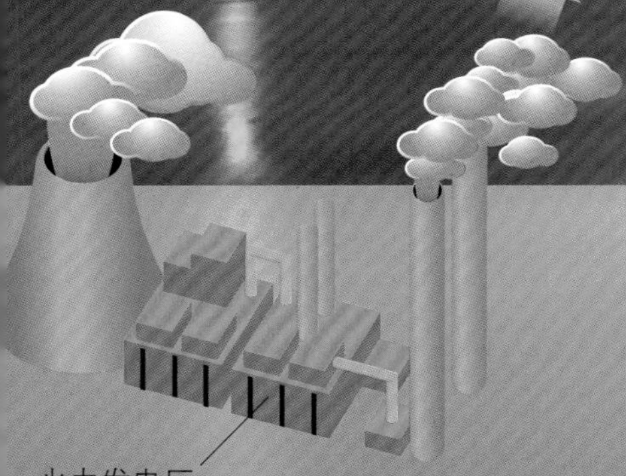

火力发电厂
燃烧煤或者天然气作为能源。

23.1
18.9
8
3.4
6.3
28.3
2011年世界各地区石油消耗
（单位：百万桶/天）
11.1
(1965)
88
(2011)

世界石油消耗（单位：百万桶/天）
注："桶"为石油计量常用的容量单位，1桶约为159升。

热量
阳光

二氧化碳气体吸收热量

使用化石能源
燃烧化石燃料释放储存在其内部的能量。我们可以利用这些能量发电或者驱动汽车。化石燃料燃烧时，会将二氧化碳排放到地球大气层中。

燃料储备
我们使用的化石燃料的数量日益增加。如今的石油消耗量大约是50年前的8倍。总有一天，地球储藏的化石燃料会被用尽，所以我们需要寻找可替代的能源。

气候变化
燃烧化石燃料会向大气中排放大量的二氧化碳，每年排放二氧化碳的重量是埃及大金字塔重量的3,500倍。这些气体会产生温室效应，使地球变暖并改变气候。

溶洞 [岩石空洞]

溶洞是自然形成的地下洞穴，通常由流水侵蚀或沉积而成。溶洞中可能含有奇形怪状的岩石和模样怪异的动物。探寻溶洞的人被称为洞穴探险家。

岩石雕塑

地下水流经石灰岩时会溶解其中的碳酸钙。这种富含矿物质的地下水慢慢渗入洞穴，就能创造出石钟乳和石笋等雕塑般的结构。

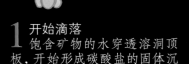

1 开始滴落
饱含矿物的水穿透溶洞顶板，开始形成碳酸盐的固体沉积物。

2 缓慢增长
经过几百年的积累，碳酸盐矿物不断增长，形成一根悬挂的石钟乳。其滴落的溶液则在地面形成一根与之匹配的石笋。

石钟乳
石钟乳悬挂在溶洞天花板上，水珠仍以稳定的速度滴落。

石笋
石笋从地面向上生长，就像一株小小的树苗！

圆纹岩
石钟乳的横截面揭示出它的形成过程。精美的环带好像树的年轮，揭示出它是如何一层一层缓慢生长的。

涓滴之劳
石钟乳和石笋能发展到令人惊叹的规模。有时，它们上下连接，形成一个从地面一直伸到天花板的石柱。

洞穴居民

适应溶洞生活的动物一辈子都生活在完全的黑暗中。它们被称为穴居动物，通常体色白得吓人。许多穴居动物都失明，眼睛很小，有些根本没有眼睛。

得州盲螈
这种两栖动物身长大约13厘米，其血红的鳃能从水中吸收氧气。

"鼻涕"
人们形象地称这种黏稠的菌群为"鼻涕"，它产生的超强酸可以溶解固体岩石。

盲鱼
这种盲鱼能利用身体两侧的水流传感器判断洞穴墙壁的位置。

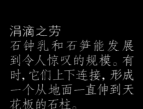

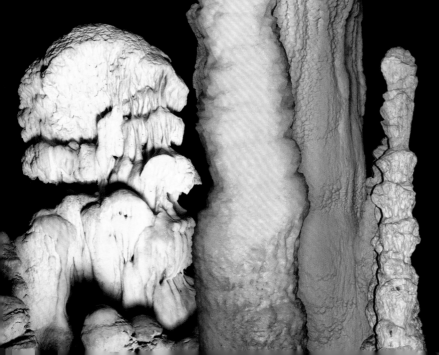

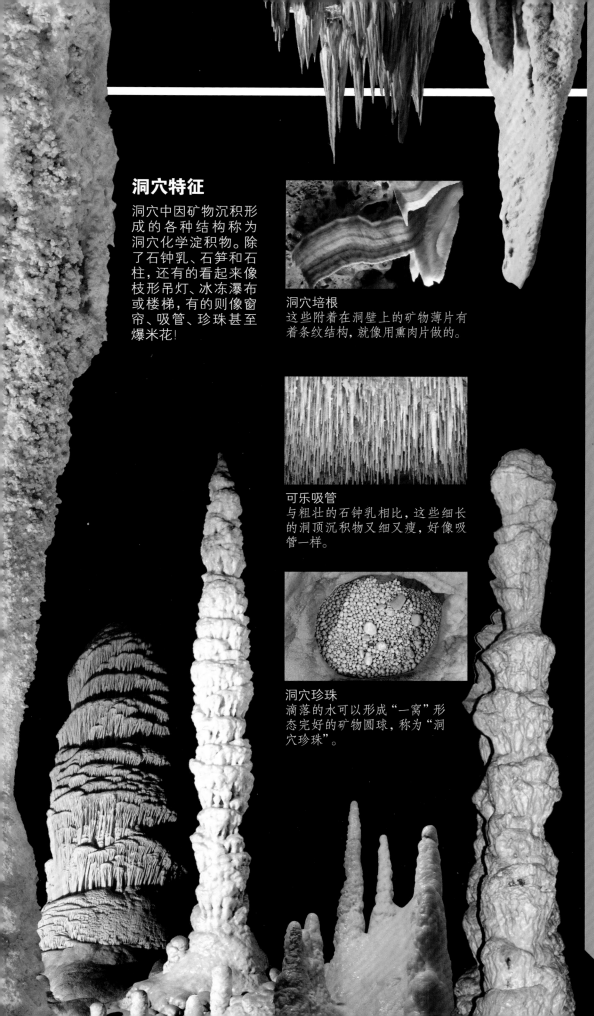

洞穴特征

洞穴中因矿物沉积形成的各种结构称为洞穴化学淀积物。除了石钟乳、石笋和石柱，还有的看起来像枝形吊灯、冰冻瀑布或楼梯，有的则像窗帘、吸管、珍珠甚至爆米花！

洞穴培根
这些附着在洞壁上的矿物薄片有着条纹结构，就像用熏肉片做的。

可乐吸管
与粗壮的石钟乳相比，这些细长的洞顶沉积物又细又瘦，好像吸管一样。

洞穴珍珠
滴落的水可以形成"一窝"形态完好的矿物圆球，称为"洞穴珍珠"。

更多信息

图示含义请见第112页

《洞穴传奇探险路》
赵喜臣/著

去美国加利福尼亚州的红杉国家公园参观水晶洞，可以在5千米长的钟乳石溶洞中漫步。

在新西兰怀托摩萤火虫洞欣赏令人叹为观止的萤火虫表演。

美国肯塔基州的猛犸洞国家公园拥有世界上最长的洞穴系统。

稀盐酸可用于测试岩石中是否含有石灰岩（碳酸钙）。这需要在成年人帮助下进行。如果岩石中含有碳酸钙，滴上稀盐酸试剂后，就会不断发出"嘶嘶"声并冒出小气泡。这就是弱酸性的雨水能造成洞穴的原因。让我们再试试蛋壳，蛋壳中是不是也含有碳酸钙矿物呢？

洞穴是危险的地方，里面常有松动的岩石和深水区，而且很容易迷路。所以，如果没有熟悉洞穴地形的专业向导带领，就不要进洞探险。在洞穴里必须始终头戴洞穴专用头盔。

…是巨大的地壳岩体（请见第88
…。地球一刻不停地喘息着，颤抖
…宏大的板块运动改变着地表格
…由此产生的热和压力使地下深
…的岩石变形、变质。这正是原本
…无奇的石灰岩会变成美丽的奶
…色大理石的原因。

大理石纪念碑
位于美国华盛顿特区的林肯纪念碑，是
为纪念美国历史上伟大的总统——亚伯
拉罕·林肯（1809—1865）而建。建造这
座纪念碑的白色大理石来自美国多个地
方。每年都有数以百万计的游客参观这
座不朽的建筑物。

建筑物外墙（科罗拉多州）

华盛顿特区

底座（田纳西州）

雕像（佐治亚州）

纪念碑的部分大理石产地

制造大理石

石灰岩在靠近岩浆房（请见第37页）的地方被烘烤并发生接触变质作用时，便形成大理石。地壳板块相向运动并相互摩擦而产生巨大应力时，会导致另一种变质作用——动力变质作用。板块碰撞并导致山体抬升时会发生区域变质作用。

美国科罗拉多州的大理石采石场镇
1899年，人们在这里发现了优质的大理石，继而建立了小镇。这里至今仍出产尤尔大理石，并出口全世界。

抛光机
像尤尔大理石这样的高品质大理石可以被打磨得像镜子一样光滑闪亮。过去，岩石抛光是一件耗时且辛苦的手工劳动，常常由童工完成。今天，大多数的抛光工序由机器完成。

巨型机械
林肯纪念堂上的一些大理石是在20世纪初，从美国科罗拉多州大理石采石场镇附近的尤尔溪边的陡峭悬崖上开采下来的，要用庞大的电动起重机搬运。

大理石花

1986年建成的印度巴哈教院外观看起来很像一朵莲花，由27个外覆白色大理石的独立"花瓣"组成。这些大理石来自希腊的彭特利库斯山。人们用彭特利库大理石装饰声名卓著的建筑已经有几千年的历史了，其中就有古代雅典的卫城。

印度巴哈教院

温度升高

低

页岩

板岩

片岩

片麻岩

混合岩

只受到高温作用

角岩

变质程度增加

压力增大

高

蓝片岩

只受到高压作用

变质过程

高温改变了岩石中的矿物并产生新的晶体颗粒。巨大的压力将矿物挤压成薄层。矿物所处的温度和压力环境决定了最后形成变质岩的类型（见左图）。

母岩
变质作用前的原始岩石称为母岩。有些变质岩仅能由一种母岩变质而成。

母岩	变质后的岩石
石灰岩	大理石
砂岩	石英岩
花岗岩	片麻岩
煤	无烟煤
页岩	板岩

变质岩 [移形换影]

变质岩是地球上非常古老的岩石。加拿大西北部的艾加斯塔片麻岩已经有大约40亿年的历史了，几乎和地球一样古老。它包含石英和长石矿物，可能由变质花岗岩演变而来。

蛇纹岩

这种岩石的表面泛着绿光，像蛇的皮肤。蛇纹岩形成于海底的地壳之下，是由于热水穿过地幔岩石而形成的。蛇纹岩含有大量蛇纹石矿物。

石英岩

石英岩是一种坚固、耐用的岩石，是砂岩在地球内部高温、高压强烈烘烤的环境下形成的。石英砂颗粒在高温下熔融并重新结晶为较大的晶体颗粒，它们彼此紧密联结，没有丝毫缝隙。

弓琴岩
石英岩通常高耸于地表之上，如这块位于苏格兰的令人印象深刻的岩石。它们往往比周围岩石更耐风化，磨损得更慢。

形成：	变质砂岩
外观：	中等晶体，像糖块
主要用途：	石器时代的工具、铁路、公路用建材

雕刻用石
蛇纹岩质地柔软，具有光泽，易于雕刻。生活在加拿大的因纽特人习惯将其雕刻成雕像或灯。

形成：	地幔变质岩
外观：	粗大晶体颗粒，具有光泽
主要用途：	装饰品

板岩

当被掩埋并处于相对低温低压的环境中，沉积页岩便可形成这种颜色暗淡的变质岩。板岩不像其他变质岩那么坚硬，它能碎裂成平整的石板，可用于制作砖瓦或者建筑台面。

形成：	变质的页岩
外观：	非常细小的颗粒，可裂成板状
主要用途：	房顶砖、地砖、台面

岩石"叶子"
当被锤子轻轻地敲打，板岩容易破碎或落片，就像"叶子"，或一本书的书页。板岩在德语里有拆分的意思。

闪电石

闪电石是瘤结状的、中空的玻璃质岩石，是闪电击中沙质海滩或沙丘时，沙粒在高温下熔融并黏结在一起形成的。

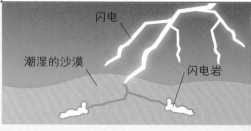

瞬间变化
温度达到1,800℃时沙子才能熔化，闪电很容易就能达到这个温度。管状的闪电岩像树根一样在沙层中四散蔓延。

片麻岩

很难确定究竟是哪种岩石变成了片麻岩。这是因为，当地壳的一部分下沉到另一部分之下，在强大的压力和高温作用下，其中的岩石发生强烈的变形、变质和部分熔融，由此形成片麻岩。片麻岩的粗大矿物晶体分布在浅色和深色条纹中，因此很容易被识别。

形成：	古老的变质岩
外观：	中等到较大的晶体颗粒
主要用途：	建筑

条纹状岩石
片麻岩形成过程中，炽热的矿物重新排列，形成条带状外貌。

白色大理石
纯大理石的主要成分是方解石，颜色雪白，具有微弱的光芒。

大理石

当被埋藏到地壳深处或者被炽热的岩浆烘烤时，石灰岩就会形成这种漂亮的岩石。大理石较软，是理想的雕塑材料。大理石也很耐磨，常常被使用为地砖或建筑物墙面。

形成：	变质的石灰岩
外观：	粒度中等的糖粒状颗粒
主要用途：	建筑，装饰

千面大理石
大理石中的杂质使大理石产生出千姿百态的神奇颜色和图案。抛光后的大理石具有柔和的光泽，因此广泛用作装饰石材。

3,000：
大理石种类数。

外太空岩石 [外来侵略者]

落在地球上的外太空岩石称为陨石。这些岩石或者是从其他行星上被撞落的，或者是几十亿年前太阳系形成时的残留碎块。人类在探索太空的过程中也采集并分析外太空岩石。

化学摄像仪
一束激光使岩石蒸发，化学摄像仪通过分析蒸汽来确定岩石的化学组成。

流星和陨石

闪着光划过黑暗夜空的就是流星——在地球大气层中燃烧的小块太空岩石和碎片。陨石是没有被完全烧毁的落到地面的岩石。每年大约有19,000颗陨石落到地球上。

流星雨
说起流星，最著名的就是流星雨了。每年都有壮观的流星雨。规模最大的流星雨经常出现在8月和11月。

金属陨石
大多数陨石是石质陨石，与地幔岩石成分相似。铁陨石（见右图）主要由金属铁、金属镍和少量矿物组成。

彗星探测器
科学家并不总是守株待兔般地等待太空岩石落到地球上。2005年，美国国家航空航天局的太空彗星探测器"深度撞击号"就飞临一颗彗星旁，为了认识彗核的组成，还发射了撞击器并击中彗核。

深度撞击号

外星岩石

美国阿波罗计划的宇宙飞船共从月球上带回了约382千克岩石。这些岩石样品与地壳的火成岩相似，说明月球是由地球抛出的一大块碎片形成的，或者是与地球同时形成的。我们也有来自火星的岩石样品可供研究。

阿波罗11号登月任务
1969年，巴茨·阿尔德林在月球表面架设能向地球传送"月震"信息的地震仪。

火星样本分析
"好奇号"有一个钻头和一把铲子，用来收集样品并传送到自带的精密实验设备上进行分析。

"好奇号"火星探测器
2012年，"好奇号"火星探测器在火星表面着陆。它的任务是在这颗红色星球上寻找生命痕迹。没有人期望"好奇号"能真的发现火星生物，但是正如地球岩石一样，火星上的岩石可能也含有古代生物的痕迹。

更多信息
图示含义请见第112页

近地小天体
流星雨
月岩
艾伦·希尔斯84001
皮克斯基尔陨石汽车
希克苏鲁伯陨石坑
会合－舒梅克号

《新星：终极火星挑战》（美国PBS电视台，2012）是一部关于"好奇号"火星探测器的纪录片，记录了美国国家航空航天局如何使"好奇号"在火星上着陆，以及在这颗红色星球上"好奇号"将进行哪些实验。

美国纽约自然历史博物馆陈列了在美国发现的最大的一颗陨石——威拉米特铁质陨石，它重达15.5吨。

参观世界上非常壮观的陨石坑——美国亚利桑那州的陨石坑。

寻找一个远离各种灯光的地方观察壮丽的英仙座流星雨和双子座流星雨，它们分别发生在7月中旬至8月和12月，是由于地球运行经过彗星或小行星轨道上的碎片而引起的。

* 如何自己制造晶体?

* 航天员如何使用银?

* 烟花为什么绚烂多彩?

神奇的矿物

绚丽的矿物 [画廊]

微小的矿物晶体构建成块状的岩石，然而当矿物长到足够大时也能以晶体本来的形状出现。大多数矿物由富含各种成分的炽热液体岩浆凝固而成。每种矿物的形状和化学组成都不相同，但结晶往往都很漂亮。

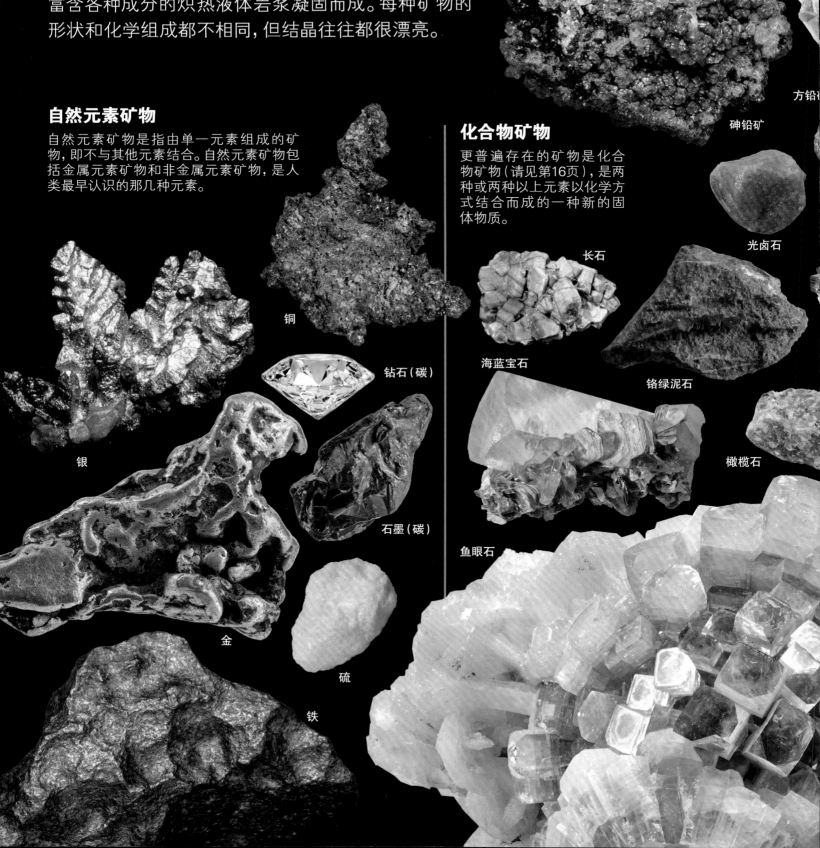

方铅矿

砷铅矿

自然元素矿物

自然元素矿物是指由单一元素组成的矿物，即不与其他元素结合。自然元素矿物包括金属元素矿物和非金属元素矿物，是人类最早认识的那几种元素。

铜

钻石（碳）

银

石墨（碳）

金

硫

铁

化合物矿物

更普遍存在的矿物是化合物矿物（请见第16页），是两种或两种以上元素以化学方式结合而成的一种新的固体物质。

光卤石

长石

海蓝宝石

铬绿泥石

橄榄石

鱼眼石

透视石

青金石

磁铁矿

彩钼铅矿

雌黄

玉髓石英

萤石

电气石

蓝柱石

孔雀石

羟砷锌石

铁矿

片沸石

菱锌矿

闪锌矿

文石

辉沸石

含钴白云石

白钙沸石

透视石

赤铁矿

虎眼石

绿宝石

蓝晶石

方解石

蛋白石

石膏

辉钼矿

钙沸石

黄玉石英

水硅钙石

文石

菱锰矿

白铁矿（含方
铅矿颗粒）

银星石

方解石和萤石

重晶石

铜砷钙锌石

钠长石

电气石

磷氯铅矿

岩盐

辉锑矿

赤铁矿

黄水晶

磷铝石

五角石

晶体 [矿物内部]

晶体结构是所有矿物的基本特征。每个独立的晶体都有自己特定的形状，由按一定规律重复排列的原子团组成。矿物也具有易于观察和鉴别的宏观属性。

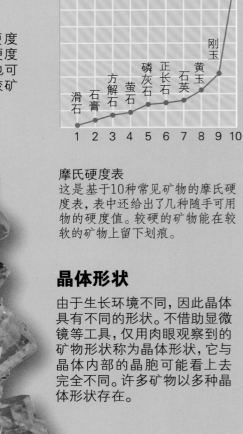

硬度

一些矿物比另一些矿物硬度大。比较两种相似矿物的硬度是一种重要的鉴别方法，也可以用日用品作为参照来比较矿物的硬度。

金刚石（硬度10）

铜（硬度3）

玻璃（硬度5）

指甲（硬度2）

摩氏硬度表
这是基于10种常见矿物的摩氏硬度表，表中还给出了几种随手可用物的硬度值。较硬的矿物能在较软的矿物上留下划痕。

晶体形状

由于生长环境不同，因此晶体具有不同的形状。不借助显微镜等工具，仅用肉眼观察到的矿物形状称为晶体形状，它与晶体内部的晶胞可能看上去完全不同。许多矿物以多种晶体形状存在。

针状
一些矿物又长又细，好像一簇针聚集在一起。

钟乳状
钟乳状晶体长得像管子一样，通常生长在溶洞中（请见第52页）。

立方体
冰糖晶体就是立方体。许多这样的晶体同时形成的时候，就会聚集在一起生长，共用晶面和顶角。

辐射状
这种晶形的晶体从一个中心点向周围呈扇形生长，形成球形矿物。

葡萄状
葡萄状晶体是由细小的针状晶簇聚集而成的。

棱柱状
棱柱状是最常见的晶体形状，为末端平整的长柱状。

自己做

你可以按照晶体在自然界中的生长方式制造晶体。含有可溶化学物质的水就好比是通过岩石渗透的富含矿物质的地下水。随着水分的蒸发，固体晶体就形成了。

光泽

光泽是指矿物对光线的反射能力。光泽与晶体颜色无关，它描述矿物表面有多么闪亮或者暗淡的性质。

油脂光泽
雌黄等矿物表面光滑，反射出油脂般的明亮光泽。

玻璃光泽
具有玻璃光泽的矿物表面像玻璃表面一样，反光较弱。

树脂光泽
矿物表面呈现出的类似树脂的光泽，常用来描述颜色较深的矿物，与油脂光泽或玻璃光泽相似。

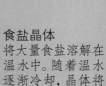

食盐晶体
将大量食盐溶解在温水中。随着温水逐渐冷却，晶体将在悬于水中的细线上形成立方形的食盐晶体。

金属光泽
表面亮闪闪的晶体，比如方铅矿和磁铁矿，看上去很像金属制品。

丝绢光泽
矿物表面具有的像丝绸一样的光泽，比如纤蛇纹石表面的光泽。

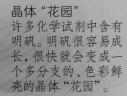

晶体"花园"
许多化学试剂中含有明矾。明矾很容易成长，很快就会变成一个多分支的、色彩鲜亮的晶体"花园"。

硅酸盐矿物 [遍布全球]

硅酸盐是分布最广泛的一类矿物。这些坚硬的晶体矿物中都含有硅元素和氧元素。大约有1,000种不同的硅酸盐矿物（占已知矿物种数的三分之一）。根据原子组成的不同，硅酸盐矿物可以划分成不同的"族"。

锂辉石

通常呈淡灰色的锂辉石是伟晶岩（请见第34页）中常见的大颗粒矿物。绿色的翠绿锂辉石（又名希登石）、粉色或紫色的紫锂辉石都可以作为宝石。

锆石

锆石矿物名字源自阿拉伯文中意为"金子"的词（虽然锆石也具有其他颜色）。锆石是一种小而坚硬的矿物，已存在几十亿年，有些几乎与地球年龄相当。

定年矿物
锆石晶体在火成岩中闪闪发亮。地质学家测量锆石内的化学元素来判断岩石年龄。

颜色:	透明、棕色、金色、红色、橙色或绿色
硬度:	7.5
矿物族:	岛状硅酸盐

蓄电池电源
锂辉石中富含锂。锂是一种柔软的金属，常用于制造可充电电池。

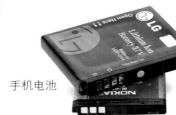

手机电池

颜色:	灰白色、黄色、绿色、粉色或紫
硬度:	6.5~
矿物族:	链状硅酸盐

表面处理

硅酸盐云母几乎存在于每一种岩石中，研磨成的细小碎片有很好的反光性。云母碎片能使汽车表面漆喷涂后呈现出亮闪闪的金属光泽。

金属漆

黏土

比沙粒还要小几千倍的微小硅酸盐矿物颗粒形成了黏土。潮湿的黏土可以塑成任何形状，然而一旦加热，硅酸盐颗粒就融合成坚硬的陶器。

地球上
90%
的岩石由硅酸盐组成。

橄榄石

橄榄石因其特殊的橄榄绿色而得名，是地球上最丰富的矿物，不过大多数橄榄石都埋藏在地底深处。现已探明，陨石、彗星和月球岩石（请见第59页）也都含有橄榄石。

绿色世界
据科学家推算，地球的上地幔的主要成分是由橄榄石组成的橄榄岩（请见第34页）。

颜色:	橄榄绿
硬度:	6.5~7
矿物族:	正矽酸盐

兵马俑
2,200年前，一支由8,000多个真人大小的陶俑士兵组成的"军队"为中国的秦始皇陪葬。

颜色:	灰色、黄色、红色或棕色
硬度:	2~2.
矿物族:	层状硅酸盐

长石

两种类型的长石组成了地壳60%以上的岩石。碱性长石是火成岩中的花岗岩（请见第35页）、变质岩中的片麻岩（请见第56页）和沉积岩中的砂岩（请见第44页）的主要矿物成分。斜长石是火成岩中的玄武岩（请见第34页）的重要矿物成分。

颜色：	蓝色、棕色或白色
硬度：	6~6.5
矿物族：	网状硅酸盐

月长石
最好的碱性长石标本叫月长石。它表面柔和的光泽来自于表面一层微小的晶体颗粒。

高科技矿物 [特殊能力]

矿物在当今前沿产业和技术领域发挥着越来越重要的作用。事实上，矿物的神奇属性被科学家发现得越多，它们的用途就越广。

石榴石族

石榴石是存在于多种火成岩和变质岩中的半宝石级硅酸盐矿物。它们颜色各异，大多数呈红色。合成石榴石晶体可用作宝石或应用于激光器中。

石榴石

优良的导体

含铜矿物用于制造特殊的超导材料。超导体没有电阻，因此是优异的导体。

蓝铜矿和孔雀石
（含铜矿物）

人造宝石

很多宝石，比如红宝石、钻石、蓝宝石、祖母绿和石榴石，都能在实验室中制造出来。合成（人造）石在工业和工程中有很多应用。宝石级别的合成石也用作珠宝。

合成钻石
生产人造金刚石需要非常高的温度和压力。金刚石是世界上最硬的材料，因此许多合成金刚石被用于制造切割工具。

超导磁悬浮列车

向月球发射激光

1,500℃：
制造人造金刚石需要的温度。

向月球发射
科学家向航天员放置在月球上的反射器发射一束石榴石激光，反射器将光束反射回地球。科学家通过测量激光脉冲到达月球并返回的时间，可以精确计算出地球到月球之间的距离。

奇妙的磁
强大电流通过超导体使得超导体变成一个强大的电磁铁。在磁力支持下，它甚至能悬浮在空中。磁悬浮列车就是利用超导体磁铁悬浮在轨道上的。

蓝宝石屏障

一些电脑芯片和电子元件中含有蓝宝石。这些宝石是非常好的电绝缘体,常用于保护电子设备,使其免受突如其来的电流冲击。

蓝宝石

红宝石

沸石

红宝石机械

高质量的机械钟表通常含有珍贵的红宝石或蓝宝石。这些耐磨的宝石被用于制造钟表机械中齿轮的轴心。

超级海绵

沸石是含铝硅酸盐矿物。沸石中有很多细小的孔隙,因此能像海绵一样将液体吸附在表面。这种特性让沸石在很多工业生产中大显身手。

电子芯片

发条中的宝石轴

炼油厂

蓝宝石上的硅

微硅电路被喷涂在高性能电子芯片中的合成蓝宝石表面,合成蓝宝石要求的加工纯度非常高。

摩擦克星

为了令钟表保持走时准确,齿轮和轴必须以最小的摩擦力转动。摩擦力是彼此接触的移动部件之间产生的力,会减缓部件的运动。红宝石轴超级坚硬、光滑,能使摩擦保持在最小限度。

裂化矿物质

在炼油厂中,沸石被用于辅助石油裂化,这一过程中原油分裂为简单的、更有用的物质,如汽油、柴油等燃料。沸石还被用于制造洗衣粉。

固体水

超低温的冰隧道蜿蜒伸展在冰岛南部的瓦特纳冰川之下。这些蓝色洞穴是地球内部的热量与地表的低温冰迅速碰撞时形成的。活火山遇到缓慢而平稳流动的冰川时，湍急的水流就被加热，因此切割出这些洞穴。虽然很少有人将冰称为矿物，但冰确实是一种矿物，是自然存在的固体无机物。

金属矿石 [制造金属]

地质学家一直在寻找矿石——包含有用金属的有价值的岩石和矿物。一些金属，比如金和银，以单一元素组成纯金属的形式在自然界出现，然而大多数金属必须从矿物中提炼出来。在硫化矿中，金属与硫形成化合物；在氧化矿中，金属与氧形成化合物。

防锈
这台榨汁机的外壳闪闪发光，是因为镀了一层金属铬，一般被称为镀铬钢板。也可以在铁中添加铬，生产出亮闪闪的、耐腐蚀的不锈钢。

白钨矿

这种矿物的晶体常形成八面体的双金字塔形，是含金属钨的主要矿石。白钨矿有荧光，在紫外光照射下能发出亮蓝色的光。因此，矿工在地下用紫外线寻找白钨矿。

颜色：	白色、棕色或灰色
硬度：	4.5~5
矿物族：	钨酸盐

铬铁矿

这是金属铬的唯一矿石来源，所以铬铁矿是非常昂贵的矿物。团块状的铬铁矿形成于地幔深处的橄榄岩中。

颜色：	金属色
硬度：	5.5
矿物族：	氧化物

磁性岩石

天然的有磁性的岩石被称为天然磁石，含有磁铁矿。最早的指南针就是用天然磁石制成的。

液体舞者
将油和微小的磁铁矿颗粒混合成铁磁流体，强磁场会将这种流体拉伸形成奇异的形状。

方铅矿

从古至今，方铅矿就是金属铅的主要来源。方铅矿是很重的矿物，因为铅的密度很高。方铅矿通常与闪锌矿共生。

颜色：	深色、金属灰
硬度：	2.5
矿物族：	硫化物

火箭发动机
添加了金属钨的火箭发动机喷管，能经受得住发射升空时产生的超高温。

铅矿石
方铅矿是60多种铅矿石中最重要的一种。因为具有立方体晶体的外表和金属光泽，方铅矿很容易被识别。

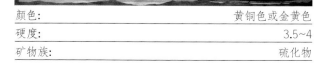

黄铜矿

虽然其他矿物可能含有更多的铜，但黄铜矿是分布最广泛的铜矿石，也是金属铜的最重要来源。地球上的大部分铜蕴藏在贯穿岩层的、细小的黄铜矿矿脉中。

颜色：	黄铜色或金黄色
硬度：	3.5~4
矿物族：	硫化物

开采铜
黄铜矿通常在巨大的露天矿坑中开采（左图），有的在地下开采。

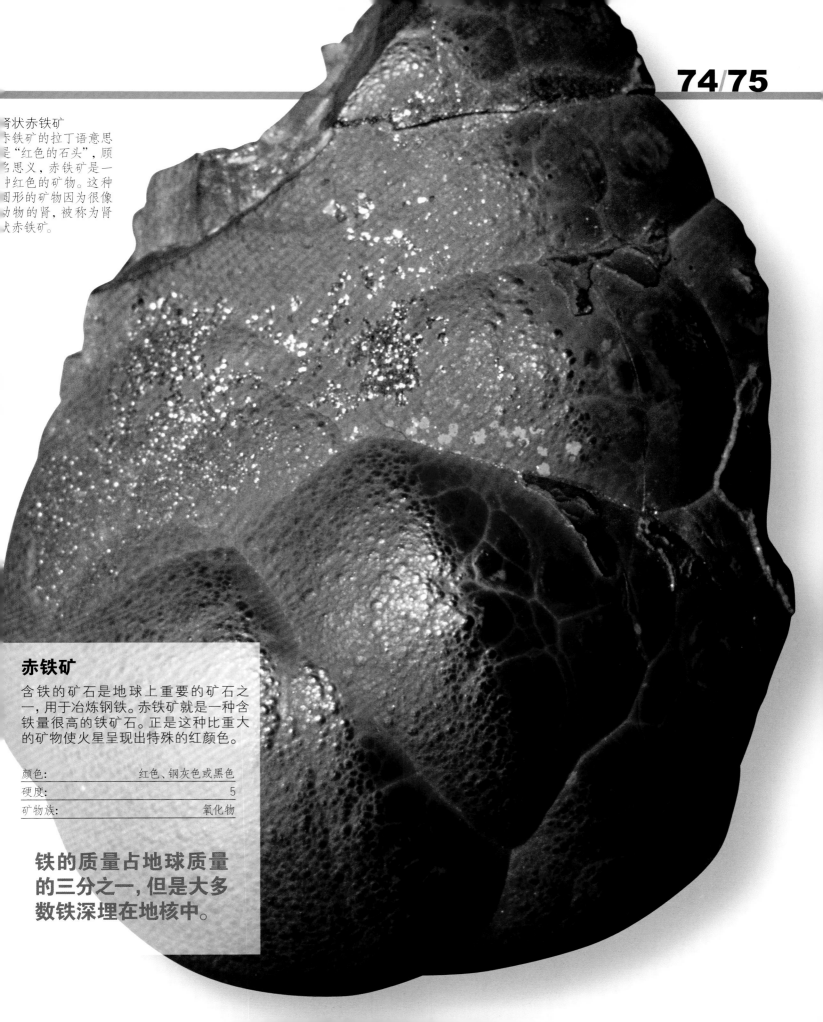

肾状赤铁矿

赤铁矿的拉丁语意思
是"红色的石头"，顾
名思义，赤铁矿是一
种红色的矿物。这种
圆形的矿物因为很像
动物的肾，被称为肾
状赤铁矿。

赤铁矿

含铁的矿石是地球上重要的矿石之
一，用于冶炼钢铁。赤铁矿就是一种含
铁量很高的铁矿石。正是这种比重大
的矿物使火星呈现出特殊的红颜色。

颜色：	红色、钢灰色或黑色
硬度：	5
矿物族：	氧化物

**铁的质量占地球质量
的三分之一，但是大多
数铁深埋在地核中。**

贵金属 [和金子一样珍贵]

金、银和铂都是世界上贵重和稀有的矿物。之所以被称为贵金属，是因为它们通常以单质形式出现，也就是说，不与其他元素结合形成矿石（请见第74页）。

钱币

贵金属是制造硬币的理想原料，因为它们性质稳定、不易磨损。

财富保存
虽然金币和银币已经不直接在市场上流通了，但银行仍然贮藏贵金属。

永远的金子

金子能长久保存，是因为金元素的金属活动性差，也就是说，金不容易与其他元素发生化学反应。这就是它永保光泽的原因，也是1977年美国国家航空航天局在发往外太空的两个"旅行者号"宇宙探测器上放置镀金的"旅行者金唱片"的原因。

星际信息
每个"旅行者号"宇宙探测器都携带一张含有地球信息的镀金唱片。每张唱片的外壳上还刻有如何播放声音和图像的示意图（见右图）。

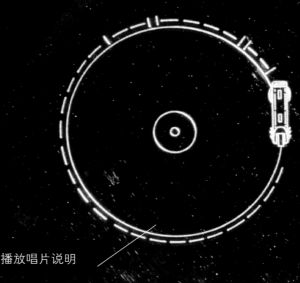

播放唱片说明

金唱片侧面图

金色之光

细小的金颗粒混入玻璃中，在光线的作用下就会出现神奇的效果。根据颗粒大小的不同，这种玻璃会呈现出红色、橙色甚至蓝色，用于制造出彩色玻璃窗上的各种彩色效果。

莱克格斯杯
这个公元4世纪罗马的华丽杯子上的变色玻璃就含有金和银的颗粒。

变色
当光线穿过杯子，绿色玻璃会变成红色和粉色。

示意图标示了地球到14颗著名脉冲星的方向和距离，表示了地球在银河系中的位置。脉冲星是发射无线电波脉冲的恒星。

旅行者金唱片的铝质外壳

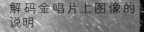
唱片上视频信号的示意图

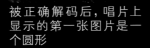
解码金唱片上图像的说明

被正确解码后，唱片上显示的第一张图片是一个圆形

理解唱片上所有图案的关键就在于这个氢原子

寻找黄金

几个世纪以前，被称为炼金师的实验科学家们四处寻找"哲学家的石头"——一种他们坚信可以将普通金属（比如铅）变成珍贵黄金的神奇物质。其实如果炼金师们真的成功了，那么黄金将变得非常普通，也就失去价值了。

意外收获
1669年，炼金师亨尼格·布兰德在寻找"哲学家的石头"时，意外发现了一种新的发光元素——磷。

1.34%：
一枚伦敦奥运会金牌的含金量。

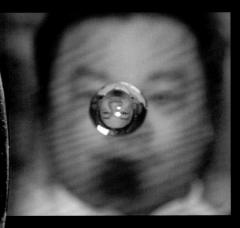

银

除了用于造币以外，贵金属银还有广泛的用途。银具有良好的导电性和极高的反光率，而且具有很好的杀菌功效。

航天员专用水
国际空间站上的航天员用银来净化他们汗液和尿液中的水以循环使用。

一个接一个
未来，我们将一个原子接着一个原子地构建电子元件。图中每一个钉状物都是一个原子。

贵金属

铂的活动性比金还差。铂也是一种贵金属，很少与常见元素结合。

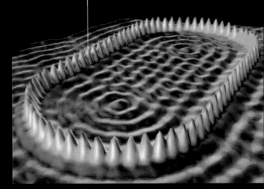

用原子建设
科学家用微观铂探头提取原子并构建成型。

采矿业 [深挖洞]

有价值的原材料，比如金属矿石、煤炭、盐和黏土，都埋藏在地下，或者与堆积如山的土壤混合在一起。将这些资源挖掘出来是一件工程浩大而且又脏又累的辛苦活儿。

古代矿山

最早的矿山是开采黏土和燧石等石材的。早期人类利用燧石制造斧头等工具。

露天矿

在美国犹他州的宾汉姆峡谷铜矿深处，人们用炸药爆破，再将大块的铜矿石运到地面。该铜矿是当前世界上最大的人工洞。

铜传送带
一条长8千米的传送带将破碎后的铜矿石从破碎车间一直运输到处理和精炼区。

格兰姆斯燧石矿井
这座位于英国诺福克郡的新石器时代的燧石矿有大约400个矿坑，都是大约5,000年前挖掘的。

一个好大好大的坑
宾汉姆峡谷铜矿深达1千米，直径4.4千米，有38个足球场那么大。

里程碑

许多古代文明都曾开采石头作为建材，开采宝石作为饰品。当人们发现还可以从岩石中提取结实耐用的金属时，人们便开始挖掘和冶炼金属矿石。

公元前1330年

古埃及的金
古埃及人开采宝石(例如青金石)

公元前100年

石渡槽
古罗马工程师已经能用从采石场凿

公元1300年

制造钢铁
对钢盔和武器的需求引发了

工业风险

采矿是件危险的工作，对矿工们来说，使用炸药或者在地下深处挖掘，处处充满危险，而且采矿对环境的破坏也很大。采矿在地表留下难看的疤痕，从矿石中提炼金属的方法也会污染植物和动物的栖息环境。

河流污染
废弃的铜矿中泄漏出的酸污染了澳大利亚的这条河流，导致热带雨林的树木成片死亡。

安全灯
1851年发明的戴维灯是煤矿工人使用的安全灯，其中的油火焰不会引爆任何泄漏到矿坑里的可燃性气体。

更多信息
图示含义请见第112页

煤矿
精炼铜
戴维灯
淘金热
工业革命
露天矿

《矿业史话》
纪 辛/著

《油漆你的旅行车》(1969)是一部关于美国加利福尼亚州淘金热的音乐剧，主演：克林特·伊斯特伍德。

到美国宾夕法尼亚州斯克兰顿参观已恢复历史原貌的拉克瓦纳煤矿。

位于美国犹他州宾汉姆峡谷铜矿的游客中心（肯尼科特游客中心）以手工展品著称。

位于英国布莱纳文的国家煤矿博物馆是一个大矿井，在那里你可以乘坐电梯下到90米深的一座古老矿井，了解矿工们的生活。

千万不要在没有向导的情况下进入矿山。

1830年　　　公元1849年　　　公元2010年

发动机的推动
煤矿为蒸汽机提供燃料，蒸汽机则推动了工业革命。

淘金热
贵金属的发现引发了美国、加拿大和澳大利亚的淘金热。

智利矿工获救
2010年，33名被困于地下700米深处的铜矿工人终于被成功解救。

碳酸盐等矿物 [柔软而滑腻]

碳酸盐、硼酸盐和硝酸盐都是地壳中的重要矿物，其中大多数都很柔软并且很容易被风化。硼酸盐和硝酸盐相对较少，但碳酸盐分布相当广泛，有些还含有有用金属。

硼砂

硼酸盐矿物是强效肥皂和化妆品的成分之一。硼砂也是硼元素的重要来源，用来制造防弹背心和航天器的隔热防护罩。

颜色:	白色
硬度:	2~2.
矿物族:	硼酸盐

棉花球

硼砂是夏季季节性湖泊蒸发后的残留物，硼砂纤维有时会在干涸的湖床上形成拳头大小的"棉花球"。

菱镁矿

这种碳酸盐矿物是镁元素重要的矿石之一（请见第74页）。镁是一种轻而坚固的金属，常常被用于制造飞机、汽车和自行车。当富含矿物的地下热水在石灰岩孔洞中被挤压并流过时，就能形成含有菱镁矿晶体的矿脉。

聚会时间！
金属镁燃烧的时候会发出耀眼的光芒，因此被用于制造焰火和节日烟花。

颜色:	白色、灰色或棕黄色
硬度:	3.5~4
矿物族:	碳酸盐

孔雀石

孔雀石是美丽的矿物之一，是一种铜矿石。大约7,000年前，孔雀石可能是最早被用于提取铜的矿石，人们燃烧木炭，在熔炉中加热熔化孔雀石来提炼铜。

颜色:	绿色
硬度:	3.5~4
矿物族:	碳酸盐

绿色漩涡

孔雀石的英文名（Malachite）来自一种有明亮绿色叶子的植物——锦葵（Mallow）。被抛光后，孔雀石就能呈现出条纹状的漂亮图案。

火箭火药

硝酸盐的化合物可用于制造固体火箭燃料、炸药和化肥。钠硝石是一种天然存在的硝酸盐，容易吸收水分并快速溶解，所以只能在沙漠和干燥的洞穴中找到。

进入轨道

阿丽亚娜5型运载火箭的助推器就是以硝酸燃料为动力将航天器送入太空的。

菱锰矿

这种硅酸盐矿物的玫瑰粉色或血红色晶体非常壮观。秘鲁的印加人认为菱锰矿是他们死去首领的血液，所以菱锰矿有时也被称为"印加玫瑰"（"印加"一词本意为"首领"或"大王"）。菱锰矿的颜色来自晶体中的锰元素。

颜色:	玫瑰粉色至红色
硬度:	3.5~4
矿物族:	碳酸盐

易碎的美丽

菱锰矿容易破碎，因此，它的晶体虽然很漂亮，却很少被用作珠宝首饰。

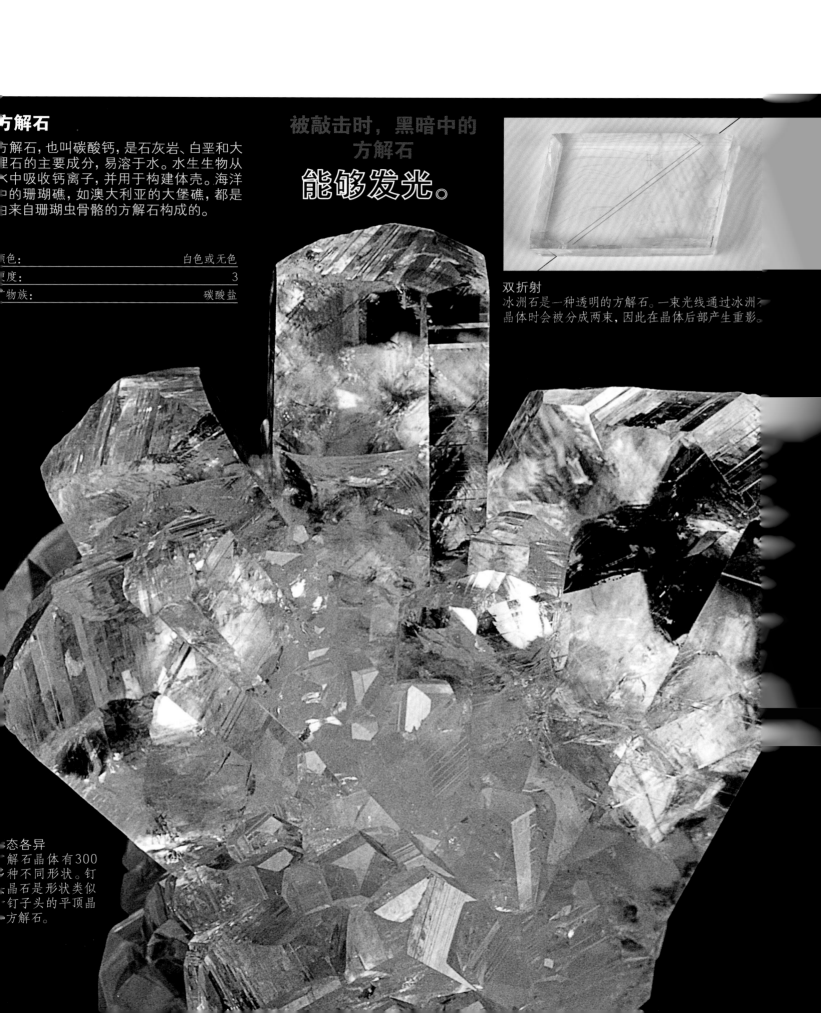

方解石

方解石，也叫碳酸钙，是石灰岩、白垩和大理石的主要成分，易溶于水。水生生物从水中吸收钙离子，并用于构建体壳。海洋中的珊瑚礁，如澳大利亚的大堡礁，都是由来自珊瑚虫骨骼的方解石构成的。

颜色：	白色或无色
硬度：	3
矿物族：	碳酸盐

被敲击时，黑暗中的方解石**能够发光。**

双折射

冰洲石是一种透明的方解石。一束光线通过冰洲石晶体时会被分成两束，因此在晶体后部产生重影。

形态各异

方解石晶体有300种不同形状。钉头晶石是形状类似钉子头的平顶晶方解石。

食盐

盐的开采及交易已经有几千年的历史。这张图上，非洲埃塞俄比亚的工人正在切割来自沙漠的盐砖。接下来，盐块将被骆驼商队运走。大多数盐矿床呈厚层状，是古代海洋和盐湖蒸发后形成的。盐是一种有用的矿物，它可以作为调料或保存食物。在冬季，路面撒盐可以防止结冰。少量的盐对身体健康有益。

硫酸盐和磷酸盐 [发光和生长]

硫酸盐含有硫和氧，其中许多是有用矿石（请见第74页）。磷酸盐含有磷和氧。生物的健康生长都需要磷酸盐。开采的磷酸盐大部分用于制造植物肥料。

闪锌矿

闪锌矿中含有硫，但没有氧，是一种硫化物，是主要的含锌矿石。锌主要用于制造电池和镀在钢铁表面，以防其生锈。

锌矿石
用来提炼锌金属，这些晶体必须被粉碎、焙炒，然后冶炼。

颜色：	棕色、黑色或黄色
硬度：	3.5~
矿物族：	硫化物

绿松石

美丽的蓝绿色的绿松石是人类较早开采的宝石之一。在古埃及、波斯、美洲原住民和中国的传统文化中，绿松石都曾被用于装饰。

颜色：	蓝绿色
硬度：	2.6~2.8
矿物族：	磷酸盐

阿兹特克面具
对墨西哥的阿兹特克人来说，绿松石是一种重要的石头，他们用小块的绿松石片装饰圣物。

荧光矿物

绿松石和其他许多矿物都有荧光性，即在紫外线照射下会发光。萤石是最好的例子，且因这种荧光性而得名。在紫外线的照射下，萤石会发出蓝色荧光，而绿松石会发出绿色荧光。

正常光线下的萤石

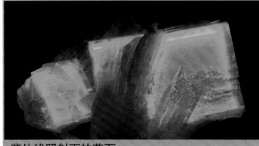

紫外线照射下的萤石

磷灰石

磷灰石晶体往往很小，但在岩石中很常见。高品质的晶体有时被用作宝石。植物从土壤中天然存在的磷灰石或肥料中取得磷酸盐。

颜色：	绿色、黄色、棕色或紫色
硬度：	
矿物族：	磷酸盐

重晶石

这种矿物是金属钡的主要来源。重晶石用来做钻井"泥浆"，一种用管道输入油井的水和矿物粉末的混合物，能帮助钻头顺利钻透岩层。

颜色：	无色或白色，通常染有红色或条纹带状
硬度：	3~3.5
矿物族：	硫酸盐

铁杂质
如果重晶石中含有微量的铁，矿物晶体就会呈现出红色。这种标本称为玫瑰石。

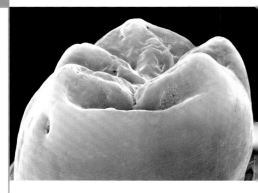

牙釉质
磷灰石是生物能合成的为数不多的几种矿物之一，是牙釉质和骨骼中的硬质部分。

公羊角石膏
石膏晶体呈现出许多不同的形状。当晶体的一侧比另一侧生长得快时，就可以形成像公羊角形状的石膏。

石膏

当盐水蒸发时，这种硬度较软的矿物晶体就可能沉淀出来（请见第49页）。石膏存在于古盐田和海底，也可见于洞穴内。墨西哥的一个洞穴中就生有长达10米的石膏晶体。

颜色：	白色、灰色或透明，偶见黄色
硬度：	2
矿物族：	硫酸盐

不是所有的矿物都是有益的或美丽的。许多矿物含有毒物质，可能引起精神问题、疾病甚至死亡。如果这些有毒矿物被用于日常用品或者进入饮用水，就有可能引发重大灾难。

土壤和建材可能含有放射性

矿物

并释放对人体有害的放射性氡气。

地狱般的气息

九头蛇是一种传说中的怪兽，能呼出足以致命的邪恶气息，据说它生活在火山洞穴的温泉中。不过，这些洞穴中确实充满了有毒气体，但是这些气体来自地下的火山活动，而不是什么怪兽！

古希腊英雄赫拉克勒斯搏杀九头蛇

认识毒物

人们常常认识不到矿物可能带来的危害。有些有毒矿物溶解后会污染井水和饮用水，另一些则产生致命的放射性物质或形成能进入并刺激肺部的纤维。

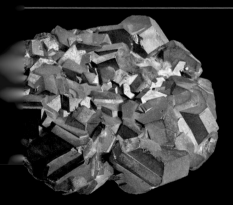

死于铅中毒

相传古罗马暴君尼禄极其疯狂，竟然一边拉小提琴一边观看罗马城被大火焚毁。导致他发疯的原因很可能是铅中毒，因为使红酒增加甜度的糖浆是在铅罐中加热的。

方铅矿，罗马人使用的一种铅矿石

古罗马废墟中的尼禄，公元64年

砷的危险

长期接触砷元素可能导致一系列潜在的致命疾病。在孟加拉国，井水常常被砷黄铁矿等地下矿物中的砷污染。

砷黄铁矿是一种铁和砷的硫化物

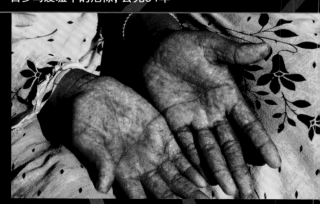

砷引发的疾病（摄于孟加拉国）

令人发狂的朱砂
"像帽商一样的狂躁病"是指公元18世纪至19世纪常见于帽子制造商的一种疾病。从朱砂中提取的汞常常用于毡帽制造工艺。汞导致许多帽商大脑受损，这种情况常被误认为精神错乱。

朱砂，也称为红色水银

疯狂的帽商（《爱丽丝梦游仙境》）

有放射性的沥青铀矿
最危险的矿石是沥青铀矿，它含有致命的放射性元素铀、镭、钍和钋。矿物晶质铀矿就是从沥青铀矿中提取出来的，经提纯后便得到可用于制造核弹和核电站原料的铀元素。

沥青铀矿是铀元素的主要来源矿物

核爆炸

石棉报警
石棉是能生成极细纤维的矿物的总称。石棉耐火，因此被广泛应用于生产建筑材料和防火帘。但是现在许多国家禁止使用石棉，因为石棉的细小纤维能引发致命的肺癌。

纤蛇纹石或白石棉

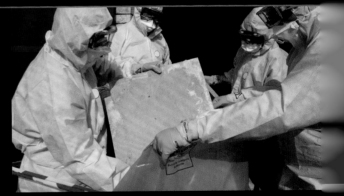

清除建筑物中的石棉

拿破仑之死
被囚禁在圣赫勒拿岛上时，法国皇帝拿破仑·波拿巴的房间里铺贴着鲜艳的绿色墙纸。雌黄和含铜矿物为墙纸染上这种鲜艳的颜色，而拿破仑很可能就是被这些矿物中含有的砷所毒死的。

1961年，科学家分析了拿破仑头发的样本，发现其中含有大量的砷。

地震 [糟糕的震动]

地壳岩石看起来坚实而不可移动，实际上它们是不断运动着的。地球深处的内部力量慢慢地推动地表巨大的板块，有时地动山摇，带来了灾难性的结果。

地震的形成

地球内部的岩石像沸腾的开水一样非常缓慢地、不停地翻滚着。这种运动推动了整个地球表面的地壳板块。这些板块彼此碾磨的过程中经常会被卡住，力量便不断聚集，直到突然间岩石破裂。这就是地震。

地壳板块
地壳分裂成巨大的几部分块体，称为板块。板块不断漂移，板块相连接的区域形成地震带。

什么是地震?

一次地震就是一次突然的能量释放，产生的地震波轰鸣着穿地而行。不过绝大多数地震波频率太低，我们人类无法听到。这种感觉有点像一辆音响开得很大的汽车从你身边经过时你感觉到的地面颤动，不过地震的能量要远远大得多。

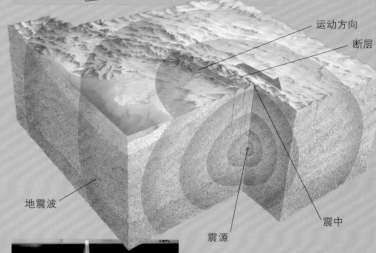

运动方向
断层
地震波
震源
震中

海啸
海底地震发生时，摇晃的海底搅动周围海水，掀起巨浪。接近陆地时，巨浪上升到可怕的高度。

地震波探测仪

震源和震中
地震开始于地下的震源。地震波由震源发出，造成地面的震动。震源正上方地面对应的点称为震中。

美国旧金山大地震

地震每年都会发生，但只有某些地震会造成重大灾难。1906年4月18日凌晨5:12，一次大地震袭击了美国加利福尼亚州的旧金山市。圣安地列斯断层就是两个地壳板块之间的边界地带，沿断层移动的岩层撕碎了整座城市。

地震造成的火灾
煤气管线在地震中遭到破坏，迅速引发火灾。失控的大火肆虐整个城市达3天。

毁坏
这次地震只持续了约65秒，却使整座城市变为废墟。近500个城市街区被毁。

裂缝
这次地震导致地面出现一条长达476千米的裂缝。

更多信息

图示含义请见第112页

地震记录

美国最大的地震
1964年3月28日，阿拉斯加威廉王子湾发生9.2级地震

有记录以来世界最大的地震
1960年5月22日，智利发生里氏震级高达9.5级的强烈地震，其地震强度比1906年美国旧金山大地震还要高10倍以上。

断层
板块边界
初至波（P波）
续至波（S波）
影区
板块
圣安地列斯断层
里氏震级
日本东北太平洋海上地震和海啸

地震展览："动态星球上的生命"是美国加利福尼亚州科学院（位于加利福尼亚州旧金山市）举办的一个关于地球科学的新展览。

阪神日淡路大地震纪念馆，是为纪念1995年发生在日本关西地区的大地震而建的。

城市一片废墟
旧金山大地震造成约3,000人死亡。四分之三的旧金山市民流离失所。

* 为什么钻石闪闪发光?

* 什么是 "海盗"?

* 哪种矿物加热后变成黄色?

绚丽的宝石

闪闪发光的石头 [相册]

在地球上的3,000多种矿物中，只有大约130种能形成宝石。这些闪闪发光、有着惊人之美的宝石中，很多可以被切割成精致的形状并抛光，并因此闪烁着似乎来自宝石内部的光芒。在后面的4页，你将看到切割或抛光后的宝石，以及它们未经雕琢时的天然模样。

石榴石

琥珀

蛋白石

尖晶石

青金石

金刚石

玉石

黄玉

紫水晶

虎眼石

拉长石

蓝宝石

绿宝石

红宝石

煤精

坦桑石

方钠石

珍珠

孔雀石

锆石

更多宝石

透视石

粉晶

铯绿柱石

赤铁矿

硅孔雀石

海蓝宝石

舒俱来石

红玉髓

菱锰矿

碧玉岩

橄榄石

绿松石

磷铝石

玛瑙

珊瑚

电气石

宝石切割 [皇冠上的珠宝]

作为地位和财富的象征，宝石一直是达官显贵们的宠爱之物。但是，再完美的宝石都来自开采出来的、粗糙的矿物。它们必须经过能工巧匠的雕琢和打磨才能成为商店和博物馆里光辉璀璨的珍贵宝石。

至高无上的荣耀

英国女王帝国皇冠上的宝石是英国王冠宝石中的一部分，包括五种精美的宝石：钻石、绿宝石、红宝石、蓝宝石和珍珠。大颗的宝石非常珍贵，往往属于国王和王后，也常常面临被盗和争抢的命运。

英国女王帝国皇冠上的宝石数量：

2,868

颗钻石，5颗红宝石，17颗蓝宝石，11颗绿宝石和269颗珍珠。

宝石闪闪发光的原因

珠宝折射或反射光线，闪闪发光，仿佛在和光玩游戏。当光线在矿物晶体中反射和传播时，宝石就会产生特有的多彩光泽。

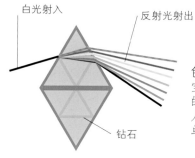

白光射入　　　反射光射出

钻石

色散
宝石能将一束普通的白光分成一组令人眼花缭乱的多种单色光的光谱。

圣爱德华蓝宝石
这颗美丽的蓝宝石是从英国国王爱德华的忏悔戒指上取下的，可以追溯到1042年。

伊丽莎白一世的珍珠
与皇冠上的其他石头不同，这些大粒的珍珠都是在活生生的牡蛎体内形成的。

颜色

颜色是宝石的一个重要品质，很大程度上取决于宝石中原子的种类和排列方式。杂质也会影响宝石的颜色。例如，刚玉中的杂质可以形成两种不同的宝石：红宝石和蓝宝石。颜色越罕见，宝石越珍贵。

红宝石
红色刚玉称为红宝石，其颜色是由含铬元素的杂质导致的。

蓝宝石
刚玉含有铁和铜等杂质，就会形成蓝宝石。

绿松石
像绿松石这样的透明宝石也会有强烈的色彩。绿松石的颜色取决于其化学组成。含铜的氧化物呈蓝色，含铁的氧化物呈绿色。

头饰
英国君主每年只戴一次帝国皇冠。

鸢尾花纹章
嵌满钻石的花朵中央是红宝石。

黑王子红宝石
这种古老的石头其实并不是红宝石，而是尖晶石，也是世界上最大的未经切割的标本。

非洲之星Ⅱ
这颗钻石是从目前已知最大的金刚石上切割下来的，这块金刚石1905年发现于南非。

宝石成型

切割宝石往往创造出新的切面。这些平整的表面会让宝石闪闪发光。如下图，人们采用不同的切割方法使宝石变得更加美丽，也提升了它们的价值。

圆形　公主形　八角形　放射形

椭榄形　心形　梨形　肥三角形

方形　椭圆形　三角形　垫子形

更多信息
图示含义请见第112页

珠宝
杂质
4C标准
刚玉
克拉
皇冠宝石
库利南钻石

《粉红豹》(1963)是一部讲述一个笨手笨脚的侦探追捕珠宝盗窃犯的喜剧电影，2006年被重新拍摄。

《金刚钻》(1971)是第七部詹姆斯·邦德电影，电影中邦德潜入了一个钻石走私团伙。

英国皇冠宝石被保存在英国伦敦塔中。记得去看看伦敦塔的守卫哟！

南非金伯利的钻石坑，是戴比尔斯公司的一个历史悠久的钻石矿。

参观荷兰阿姆斯特丹的钻石博物馆，在这里，你将看到一颗钻石从矿物原料到宝石的转变过程。

试试看，用缅甸的传统方法鉴别真正的红宝石和蓝宝石。用你的舌头舔一下，它们居然像冰一样冷！

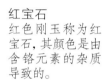

宝藏猎人 [掠夺者和海盗]

美国

美洲金属
南美洲是最早使用贵金属铂的地区。西班牙探险家称这种金属为"普拉蒂纳",意思是"小银"。

寻找黄金
1528年,一名来自摩洛哥的被解放了的奴隶埃斯特瓦尼科在得克萨斯州遭遇海难幸存下来,一直走到墨西哥。他说自己沿路见到"金子建的城市"。于是,一支远征队出发沿途寻找这些城市,可是只见到荒草丛生的美洲原住民村落。

佛罗里达之旅
埃斯特瓦尼科远征坦帕湾。

墨西哥湾

征服墨西哥
1519年,科尔特斯和他的部队到达墨西哥,一路战斗到阿兹特克人的首都——特诺奇蒂特兰城。

哈瓦那

古巴

太平洋

墨西哥

特诺奇蒂特兰

牙

伯利兹

洪都拉斯

尼加拉瓜

哥斯达黎加

有些人会不择手段地攫取金银珠宝,欧洲国家对美洲大陆的早期探索就是一个例证。对矿产财富的攫取开始于1519年,当时由埃尔南·科尔特斯领导的一小支西班牙军队入侵了墨西哥的阿兹特克。

南美北

巴拿马

绑架阿兹特克皇帝
在特诺奇蒂特兰城的科尔特斯被阿兹特克皇帝莫克特祖马二世视为上宾,但他却将皇帝囚禁起来。西班牙侵略者要求阿兹特克人支付巨额赎金以赎回皇帝,这些赎金就是足以装满多个房间的黄金、白银和宝石!

墨西哥银质面具

公海抢劫

西班牙人携带黄金、翡翠等珍宝乘坐大型帆船返回西班牙。其他欧洲国家决定半路拦截,他们雇用海盗,即著名的私掠船,攻击这些行动缓慢、满载宝物的帆船。

海盗袭击

17世纪60年代至18世纪30年代,英国、荷兰和法国的海盗经常掠夺从加勒比海港口出发横跨大西洋长途航行的西班牙船队。

西班牙领土

来自南美洲北岸大陆的宝藏被运到加勒比群岛,尤其是古巴和伊斯帕尼奥拉岛,满载宝藏的船只在这里准备返回西班牙。

加勒比海沉船

西班牙大帆船的残骸凌乱堆积在加勒比海的海底。潜水员搜索这些沉船的残骸以研究这段历史,而且他们总有机会发现宝藏!

西班牙古银币

这就是著名的西班牙古银币,价值8个里亚尔(旧时西班牙的货币单位)。金达布隆(古西班牙金币)的价值是这种银币的4倍。

大 西 洋

珍宝船队

在西班牙的塞维利亚和美洲之间,全副武装的西班牙大帆船组成船队,穿梭往来。

伊斯帕尼奥拉岛

圣多明各

委内瑞拉

瓜达维达湖

哥伦比亚

圭亚那

埃尔多拉多,黄金之城

探险者一直误以为南美洲有一座黄金之城。这种谣传可能源于哥伦比亚的瓜达维达湖上举行的一种仪式,即一位叫"埃尔多拉多"的全身涂满金粉的酋长将祭品抛进湖中,就像这件金色木筏所描绘的那样。

南 美 洲

宝石晶体 [璀璨夺目]

最色彩缤纷、璀璨夺目的石头被称为宝石。这些珍贵的矿物形成超大的晶体。当然，晶体越大越珍贵。它们通常硬度很高，因此不容易被划伤或失去光泽。

虎眼石

虎眼石的主要矿物成分为石英，颜色暗淡，具有柔和的光泽和平滑的金色条带。这种条带是由细小的纤维状的二氧化硅填充在较大的晶体裂痕中形成的。虎眼石美丽，但并不罕见，因此也被称为半宝石。蓝色的虎眼石被称为鹰眼石。

颜色：	蜂蜜色至深棕色
硬度：	7
矿物族：	硅酸盐

好似虎眼
当虎眼石被抛光后，其纤维状晶体会呈现出丝质光泽。

蛋白石

珍珠蛋白石是硅胶硬化渗出形成的，通常出现在结核或岩脉中。蛋白石内部是规则排列的二氧化硅微小球体，它们折射光线，造成闪闪发光的效果。黑色蛋白石最为珍贵。

颜色：	透明、白色、黄色、橙色、玫瑰红色、黑色或深蓝色
硬度：	5~6
矿物族：	硅酸盐

旋流颜色
大多数蛋白石是暗黄色或红色的，宝石级蛋白石则表现出更多的色彩。

海王星

表面成分10%为碳元素，这些碳元素可能以液态钻石形态存在。

玉石

有光泽的绿色玉石是人们最喜欢的雕刻石材。大部分的玉石由硅酸盐矿物软玉组成。另一种硅酸盐矿物，硬玉，也被称为翡翠，更为罕见。

紫水晶

石英中含有铁杂质时则呈现紫色，这就是紫水晶，其颜色与纯度有关。紫水晶作为宝石历史悠久，古希腊人用它雕刻精美的杯子。紫水晶也被用来装饰皇冠（请见第96~97页）。加热后，紫水晶会变成黄水晶。

颜色：	淡紫色至深紫色
硬度：	7
矿物族：	硅酸盐

紫色金字塔
紫水晶能生成金字塔形的晶体，但紫水晶和其他形式的石英都有相同的原子排列方式。

玉雕
中国古人认为玉器可以避邪，有神奇的力量。直到今天，中国仍在生产华丽的玉石饰品。

颜色：	奶白色至深绿色
硬度：	6.5
矿物族：	硅酸盐

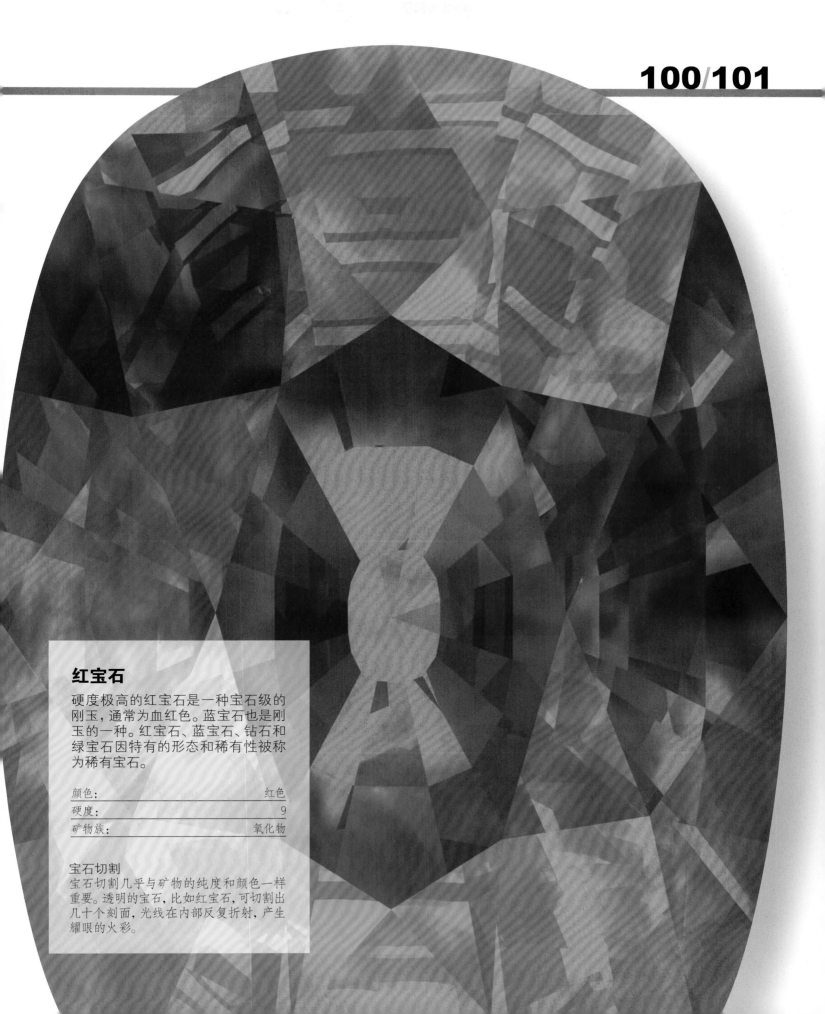

红宝石

硬度极高的红宝石是一种宝石级的刚玉，通常为血红色。蓝宝石也是刚玉的一种。红宝石、蓝宝石、钻石和绿宝石因特有的形态和稀有性被称为稀有宝石。

颜色：	红色
硬度：	9
矿物族：	氧化物

宝石切割
宝石切割几乎与矿物的纯度和颜色一样重要。透明的宝石，比如红宝石，可切割出几十个刻面，光线在内部反复折射，产生耀眼的火彩。

岩石身份判断 [哪种岩石？]

让我们来认识更多的岩石！用这张图表可以简便快速地判断一块岩石标本是火成岩、沉积岩还是变质岩。

给岩石命名
回答问题为图表导航时，要仔细观察你手中岩石的形态和结构。

1 岩石中有很多晶体吗？你可能需要借助放大镜仔细观察。
不是　是

岩石中有不同颜色或深浅的层状或带状结构吗？
不是　是

岩石中有不同颜色或深浅的层状或带状结构吗？
不是　是

转到图2　转到图3

图例
● 火成岩
● 沉积岩
● 变质岩

整块岩石呈灰白色吗？你可能需要跟其他岩石比较。
不是　是

岩石看起来皱巴巴的，而且满是有光泽的片状矿物？
是　不是

● 片岩
（请见第55页）

材料
你需要准备一枚钢钉和一块可以刻画的玻璃板（不要用碎玻璃，一定注意安全）。观察细小晶粒时还会用到放大镜。
钢钉
玻璃板

岩石能刻画玻璃吗？把玻璃板平放在桌上，用岩石在上面划过。
不是　是

● 大理石
（请见第57页）

● 片麻岩
（请见第56页）

岩石颗粒粗吗？大多数晶体颗粒比米粒大吗？
不是　是

若不用放大镜观察，你能看到中等大小的灰白色的晶体颗粒吗？
不是　是

● 闪长岩
（请见第30页）

你需要借助放大镜才能看到岩石的晶体颗粒吗？
是　不是

● 流纹岩
（请见第30页）

● 花岗岩
（请见第35页）

● 玄武岩
（请见第34页）

● 辉长岩
（请见第33页）

● 辉绿岩
（请见第37页）

岩石为粗粒晶体（晶体颗粒比米粒大）吗？颜色深吗？
不是　是

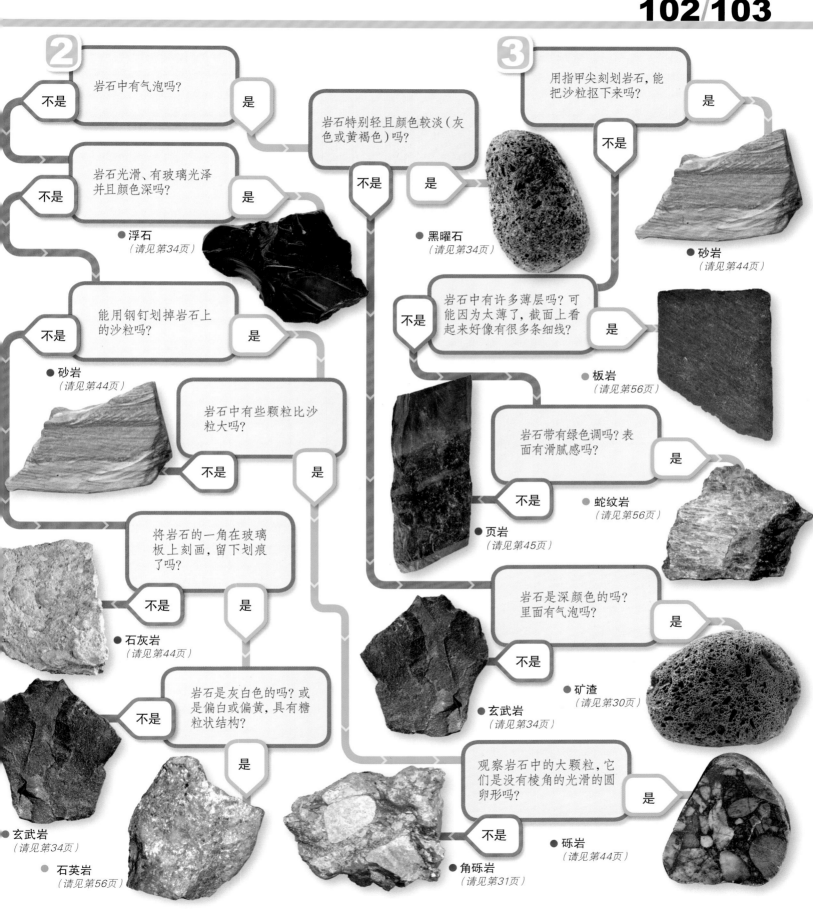

2 岩石中有气泡吗?

不是 / 是

岩石特别轻且颜色较淡(灰色或黄褐色)吗?

3 用指甲尖刻划岩石,能把沙粒抠下来吗?

是

岩石光滑、有玻璃光泽并且颜色深吗?

不是 / 是

不是

不是 / 是

● 浮石
(请见第34页)

● 黑曜石
(请见第34页)

● 砂岩
(请见第44页)

能用钢钉划掉岩石上的沙粒吗?

不是 / 是

岩石中有许多薄层吗?可能因为太薄了,截面上看起来好像有很多条细线?

不是 / 是

● 砂岩
(请见第44页)

岩石中有些颗粒比沙粒大吗?

不是 / 是

● 板岩
(请见第56页)

岩石带有绿色调吗?表面有滑腻感吗?

是

不是

● 蛇纹岩
(请见第56页)

将岩石的一角在玻璃板上刻画,留下划痕了吗?

不是 / 是

● 页岩
(请见第45页)

● 石灰岩
(请见第44页)

岩石是深颜色的吗?里面有气泡吗?

是

不是

岩石是灰白色的吗?或是偏白或偏黄,具有糖粒状结构?

不是 / 是

● 矿渣
(请见第30页)

● 玄武岩
(请见第34页)

观察岩石中的大颗粒,它们是没有棱角的光滑的圆卵形吗?

是

不是

● 玄武岩
(请见第34页)

● 石英岩
(请见第56页)

● 角砾岩
(请见第31页)

● 砾岩
(请见第44页)

B

板块

组成地壳的巨大地块。板块像拼图一样很好地嵌合在一起，不过在板块交界处也会相互推挤。相邻板块或彼此倾轧，或渐行渐远，或相错滑动。地震通常就发生在板块边界处。

板块边界

两个或多个板块的交界处。板块边界有三种类型：第一种是分离型，即相邻板块被拉开，其间形成新的地壳；第二种是汇聚型，即一个板块滑到另一板块之下，地壳因此不断消减；第三种是平错型，即两个块板彼此相错滑动。

宝石

能被切割、抛光并作为珠宝的矿物。宝石往往色彩鲜艳、稀有并且昂贵。

变质岩

变质岩是指一种岩石受到温度、压力或两者共同作用改造而成的新岩石。

变质作用

将沉积岩和火成岩转变为变质岩的过程称为变质作用。

表面

水晶或宝石的平坦表面。由人工或机器切割出来的面被称为刻面。

哺乳动物

绝大部分哺乳动物体温恒定，胎生并分泌乳汁喂养幼崽。哺乳动物生活在陆地上和水中，包括大象、鲸、蝙蝠、大猩猩和人类等。

不透明

不允许光线通过。不透明的物体，我们无法看到其内部。

C

沉积物

被水或风搬运，然后沉积在地面或水底的颗粒物。随着时间的推移，这些颗粒物会被压缩成固体岩石。沉积物包括淤泥、沙粒以及死亡动植物的遗骸。

沉积岩

沉积颗粒聚集、压缩、干燥脱水并固结而成的岩石。

粗粒岩石

有较大的颗粒或晶体的岩石。

D

大陆

指地球上每一块面积广阔而完整的陆地，大陆地壳一般比大洋地壳更厚且密度更小。

单质

由单一一种化学元素组成，而不与其他元素结合组成的矿物。

导体

能很好地传递热或电的材料。

地核

行星的中心。地球的地核包括外核和内核两部分，外核是一层液态的铁和镍，内核是一个极高温度的固体的铁镍核心，外核包围着内核。

地壳

地球的顶层，由固体岩石组成。海洋下的地壳厚约7千米，主要为玄武岩。大陆地壳主要为花岗岩，厚度可达海洋地壳的10倍。

地幔

位于地壳以下，是地球的中间层，分为上地幔和下地幔，占地球总体积的80%以上。地幔的黏稠物质缓慢移动，导致了板块运动。

地质学家

专门研究地球起源、历史和结构的科学家。

叠层石

生长在温暖浅水中的海藻残留物形成细微的薄层，在亿万年的漫长时间里，这些薄层慢慢堆积形成足球大小的丘状隆起物，称为叠层石。叠层石是地球上最古老的化石。

洞穴化学淀积物

因水中的矿物质沉积而在洞穴里形成的一种结构。钟乳石和石笋就是洞穴化学淀积物的例子。

断层

地壳上的薄弱地带或裂缝，板块或岩层可以沿其破裂面移动或滑动。岩石沿断层移动时就会发生地震。

锻造

利用外力对金属进行加工，使其具有一定机械性能、形状和尺寸的加工方法。

E

鲕粒

在温暖的浅海环境中，由同心层状的方解石沉积而成的圆球状小颗粒。众多鲕粒堆积可以形成鲕粒岩。

F

肥料

肥料是播撒到土壤中，能使土壤恢复的必要养分和矿物质，能帮助作物快速而健康地生长的物质。

风化作用

在物理、化学和生物等过程作用下，岩石和矿物破碎成更小碎片的过程。

红色钻石非常罕见，2007年，一颗红色钻石的售价达270万美元。

峰林

干旱地区形成的又高又细的尖塔状岩石。峰林也被称为帐篷石、仙女烟囱或岩土金字塔。

G

孤山

平顶的孤立小山。规模较大的孤山也被称为台地或桌状山。

固化

从液体变成固体。

光泽

矿物等物体表面能够反射光线的性质。

硅石

矿物二氧化硅的俗名，又名石英，是沙粒的主要成分。

硅酸盐矿物

一类含有硅和氧的矿物。硅酸盐矿物是地球上最常见的矿物，大约占地壳矿物总量的90%。

硅藻土

一种柔软的、天然生成的沉积岩，容易破碎成粉末。硅藻土主要由一种名为硅藻的微生物遗骸组成，可用于生产牙膏、猫砂，或作为塑料和橡胶的填充材料以及用作炸药的稳定剂。

H

化合物

两种或更多种元素由化学作用结合而形成的物质。

化石

保存在岩石中的古代动物或植物的遗迹。骨头、贝壳、花、叶、木材或脚印都可以形成化石。

化石燃料

天然燃料，如煤、天然气等，由有机物的化石残骸转变而成。

火成岩

岩浆或熔岩冷却形成的岩石。火成岩主要是由紧密相嵌的矿物晶体组成。

J

角砾岩

一种由尖锐或棱角分明的、形状不规则的岩石碎片组成的沉积岩。

结构

指物体的一种表面特征，对岩石来说，包括其中所含颗粒和矿物的大小、形状、颗粒之间的关系及其排列方向等。

结晶

晶体形成，通常是水从富含矿物质的液体中蒸发或温度变化的结果。

解剖刀

外科手术中经常使用的一种非常锋利的刀片。

晶体

通常具有规则表面形态的固体物质，其表面形状取决于原子的有序排列方式。

晶体习性

肉眼可以观察到的矿物外观。矿物的晶体习性是由化学组成和生长环境决定的。

菊石

一类已灭绝的有螺旋状壳的海洋生物。它们是鱿鱼和章鱼的远亲，6,500万年前与恐龙同时灭绝。

K

颗粒

沉积岩中的细小粒状物或火成岩和变质岩中的斑点状矿物。

克拉

宝石重量的计量单位。1克拉等于200毫克（约0.007盎司）。

空隙

孔洞，比如火成岩中的气泡或者沉积岩颗粒之间的空隙。空隙使得岩石具有透水性（水能够穿过岩石）或使岩石能够存储大量的水。

矿脉

薄片状的、填充在岩石裂缝或断裂中的矿物。

矿石

含有有用矿物并有开采价值的岩石。

矿物

天然存在的、具有特定化学组成的无机物，通常具有晶体结构。

L

砾岩

一种由圆形等形状规则的岩石碎屑形成的沉积岩。

两栖动物

一类在水中产卵的冷血动物。它们的幼体生活在水中，用鳃呼吸；成年后可以在陆地生活并用肺呼吸空气。青蛙、蟾蜍、蝾螈和大鲵都是两栖动物。

磷酸盐矿物

一类含有紧密结合的磷元素和氧元素的矿物。磷非常重要，是构建骨骼的重要成分。

流星

来自外太空的岩石在穿过地球大气层时因燃烧而发光的现象。

硫化物矿物

一类大多由硫原子和金属原子紧密结合而成的矿物。硫化物矿物常与火山活动有关，而且很多是重要的金属矿石。

硫酸盐矿物

一类含有硫酸根的矿物，硫酸根是硫

就在中国鸟龙冲过来时，妻子让我带着孩子先走，然后自己迎了上去。妻子跳起来用爪子猛踢中国鸟龙的脑袋，我则带着三个孩子顺着树枝逃到了别的树上。

当我回头的时候，我看到妻子被中国鸟龙咬住了！妻子大声对我喊："别管我，带着孩子快逃！"

3

5 月 11 日

遭到中国鸟龙的袭击已经是几天前的事了。这几天，我一直带着孩子们在巢穴附近寻找妻子，却一无所获。孩子们问我妈妈在哪里，我忍着心中的悲痛告诉他们，妈妈去了很远的地方。

　　孩子们饿得很快，我必须频繁地出去找吃的。以前我外出觅食时，妻子会照看孩子们，现在只能让他们自己躲起来了。我找了一棵叶子颜色足够深的大树让孩子们躲在上面，他们近乎黑色的羽毛能够和环境融为一体，这样他们就能靠保护色避开危险了。

我们小盗龙的前肢和后肢上都长着长长的飞羽，张开四肢就像张开了四只翅膀。我们的飞行其实属于滑翔，只能从这棵树上飞到那棵树上。所以，我们大部分时间都在树上生活。

5月16日

　连续下了几天大雨，一直看不到太阳，气温不断下降。孩子们冻得直打哆嗦。我把他们拢到身边，用前肢盖在他们身上，就像给他们盖了一床被子。羽毛不仅是我们的滑翔工具，还可以保暖。除此之外，羽毛能像雨衣一样为我们挡雨。

5 月 17 日

雨过天晴,我和孩子们一大早就被喧闹声吵醒了。原来,一群似尾羽龙正在树下面求偶。似尾羽龙依靠长长的后肢行走。他们身后的短尾巴上长着漂亮的羽毛,就像扇子一样。

似尾羽龙求偶很有仪式感,雄似尾羽龙要以精湛的舞技获得雌似尾羽龙的芳心。我带着孩子们兴致勃勃地观看着雄似尾羽龙们起舞。那些雄似尾羽龙们一边鸣叫一边跳跃,还不断拍打着前肢,动作很有节奏感。

5 月 20 日

　　今天，我带着孩子们到地面上寻找食物。我嘱咐他们一定要跟紧我，不能擅自行动。就在我专心向孩子们示范如何用爪子将洞里的虫子掏出来时，一个孩子被飞过的蝴蝶吸引，跟着蝴蝶越跑越远……

当我听到孩子的尖叫声时，一切都晚了。一只可怕的巨爬兽不知道从哪里蹿了出来，咬住了我的孩子。巨爬兽是非常凶猛的动物，比我大很多，我根本打不过他，所以只能躲在树丛中绝望地等着他离开。

11

我们一家再次陷入了悲痛之中。我告诫剩下的两个孩子，有好奇心是好事，但我们周围充满了各种危险，过分好奇会让自己送命的。孩子们向我保证，今后一定寸步不离地跟在我身边。

7月14日

　　孩子们渐渐长大了，我在帮他们梳理羽毛的时候注意到，他们的飞羽已经长出来了，是时候教他们飞行啦。最初的飞行练习很简单，就是张开四肢从上面的树枝滑翔到下面的树枝，距离短且安全。孩子们在我的指导下一遍遍练习着。

7 月 14 日

　　一只传奇龙正在森林中缓慢穿行，这可是一种很少见的恐龙。传奇龙属于甲龙，他的脑袋、后背、尾巴等部位长有突起的骨板和骨刺，就好像披着盔甲的武士。我告诉孩子们，传奇龙虽然看起来凶猛，但其实很温柔。

我带着孩子们从树上滑下来，跳到了传奇龙的后背上。6米多长的传奇龙对我们来说就像一座移动的小山，我们在他的骨板和骨刺的缝隙中总能找到许多昆虫，传奇龙的后背简直就是一座"自助餐厅"！传奇龙也不介意我们在他身上觅食。

傍晚，蕨类植物下面好像有动静，我观察了半天，终于发现了一只缩头缩脑的辽尖齿兽。辽尖齿兽属于哺乳动物，胆子非常小，为了躲避像我们这样的小型肉食性恐龙的猎杀，通常在晚上才出来觅食。

这是一个为孩子们示范空对地的捕猎方式的好机会。我让孩子们看好了，然后从树上飞了下去。我无声无息地从辽尖齿兽的背后发起攻击……当我叼着猎物回到孩子们身边时，他们已经馋得不行了，这让我怀疑他们没有认真看我捕猎。

今晚的月亮很亮，照得我和孩子们睡不着。他们吵着要听故事，我就给他们讲自己跟着东北巨龙去探险的故事。东北巨龙是我见过的最大的恐龙，足足有20米长呢。没想到，我刚刚讲了个开头，孩子们就睡着了。

7月17日

　　我们在湖边喝水时，偶遇了一大群鹦鹉嘴龙。这些家伙长着像鹦鹉的嘴一样的角质喙。他们虽然看上去憨厚老实，但其实很危险。成年的鹦鹉嘴龙脾气非常暴躁，经常无缘无故地攻击比自己弱小的动物。我告诫孩子们不要靠近鹦鹉嘴龙，否则很可能受伤。

19

今天，我教给孩子们的技能是灵活使用第二趾的大爪子，他们之前一直以为大爪子是用来爬树的。我向孩子们演示了如何拍打翅膀飞起来，然后用爪子进行刺杀。他们这才明白：脚上的爪子就是他们捕猎时的有效工具啊！

　　第二趾长有独特的镰刀爪，是我们小盗龙所在的驰龙家族的一个特征。驰龙家族可是恐龙中最出名的杀手集团，他们虽然体形不大，但是聪明凶狠。著名的成员有伶盗龙、恐爪龙、犹他盗龙，当然还有我们小盗龙。

7 月 21 日

　　可恨的中国鸟龙又袭击了我们。这次他是躲在树丛后面，当我们经过这片树丛时，他突然跳了出来。我带着孩子们迅速爬上了最近的一棵大树，中国鸟龙紧跟在后面，还大声叫着："顾星！你跑不掉的，还记得你的妻子吗？"

中国鸟龙的四肢比我们长，他爬树的速度也比我们快。眼看着他就要追上孩子们了，我打算跟他拼了！可就在这个时候，两个孩子竟然张开四肢飞了起来，我也连忙跟着飞离了大树，只留下气急败坏的中国鸟龙在树上大叫。

　　我决定趁热打铁，教他们一些飞行的动作技巧。虽然只是滑翔，但也不是张开四肢就行了。想在茂密的森林中躲避树干和树枝，必须学会巧妙地使用长长的尾巴。在飞行中，尾巴能够起到方向舵的作用。

9月25日

经过几个月的反复训练，孩子们已经能跟着我在森林中自由滑翔啦。当我们滑翔的时候，孔子鸟、热河鸟等总是躲得远远的。孩子们问我为什么这些鸟要躲开？我告诉他们，因为这些鸟都是我们的猎物。

25

9月27日

孩子们回来告诉我，他们在觅食的时候遇到了中国鸟龙。两个小家伙用计将中国鸟龙引到了鹦鹉嘴龙的巢穴中。一群愤怒的鹦鹉嘴龙围住中国鸟龙，狠狠地教训了他。孩子们比我聪明，现在我很放心让他们单独外出。

9 月 29 日

　　今天要给孩子们上最后一堂生存技能课了。我带着他们来到湖边，教他们如何掠过湖面捕捉狼鳍鱼。捕鱼需要很强的滑翔能力和应变能力。我指着天上的辽宁翼龙、神州翼龙等对他们说："这些大家伙很危险，你们要离他们远一点儿。"

9 月 30 日

　　今天是孩子们的一岁生日。对我们小盗龙而言，一岁就算成年啦！我带他们来到森林中最高的大树上，用清晨的露水打湿了他们的羽毛，希望他们拥有好运气。从今天开始，孩子们就要离开我，去寻找属于自己的领地，建立自己的家庭啦。

"孩子们，在未来的生活中，爸爸不能继续保护你们了。希望我教给你们的本领能帮助你们平安快乐地度过每一天。"

小盗龙

小盗龙大部分时间都生活在树上

小盗龙是一种有羽毛的恐龙，古生物学家已经复原了其羽毛的颜色——那是一种在阳光下泛着金属光泽的黑。

小盗龙的化石发现于辽宁省西部的白垩纪地层，属于著名的热河生物群。那里曾经鸟语花香、恐龙遍地跑。

小盗龙是几种为数不多的会"飞"的恐龙之一。它们不是像鸟类那样真正地飞行，而是爬到高处后张开四肢滑翔，看起来像袖珍的滑翔机。

小盗龙个头很小，身长不超过1米，看上去很可爱。不过，千万不要被其外貌欺骗，它们可是凶猛的杀手。古生物学家曾经在小盗龙的胃中发现了鱼、蜥蜴、鸟和哺乳动物的残骸，这说明它们是真正的小型动物杀手。

小盗龙是凶猛的小型动物杀手，猎物有鱼、蜥蜴、鸟和哺乳动物等

小盗龙能靠四肢滑翔

作者：沈氏小盗成··江
2020.4.2

小盗龙身上长有
黑色的羽毛

将此书献给我的光与小天使：李泽慧、江雨橦

——江泓

"家庭是爱和责任，我会保护好孩子们。"

顾星
9月30日

图书在版编目（CIP）数据

哎！我是小盗龙 / 江泓著；哐当哐当工作室绘 . —北京：北京科学技术出版社，2022.3
ISBN 978-7-5714-1770-3

Ⅰ. ①哎… Ⅱ. ①江… ②哐… Ⅲ. ①恐龙—少儿读物 Ⅳ. ① Q915.864-49

中国版本图书馆 CIP 数据核字（2021）第 171264 号

策划编辑：代 冉 张元耀		**电 话**：0086-10-66135495（总编室）
责任编辑：金可砺		0086-10-66113227（发行部）
营销编辑：王 喆 李尧涵		**网 址**：www.bkydw.cn
图文制作：沈学成		**印 刷**：北京盛通印刷股份有限公司
责任印制：李 茗		**开 本**：889 mm×1194 mm 1/16
出 版 人：曾庆宇		**字 数**：28 千字
出版发行：北京科学技术出版社		**印 张**：2.25
社 址：北京西直门南大街 16 号		**版 次**：2022 年 3 月第 1 版
邮政编码：100035		**印 次**：2022 年 3 月第 1 次印刷
ISBN 978-7-5714-1770-3		

定 价：45.00 元